DeepSeek 高手必学的66个AI工具

尤可可　秋叶　著

人民邮电出版社
北京

图书在版编目（CIP）数据

DeepSeek 高手必学的 66 个 AI 工具 / 尤可可，秋叶著.
北京 ： 人民邮电出版社，2025. -- ISBN 978-7-115
-66696-3

Ⅰ. TP18

中国国家版本馆 CIP 数据核字第 2025JB4020 号

内 容 提 要

在人工智能生成内容技术颠覆内容生产模式的今天，本书聚焦 DeepSeek 这一领先的人工智能大模型工具，系统解析其在写作、图表、演示文稿、图像、音乐、视频等领域的核心应用。

本书内容从基础知识到实操落地层层递进，Part 1 阐明 DeepSeek 的技术优势与核心功能，后续各 Part 基于各垂直内容领域与衍生场景，结合提示词设计方法和真实案例，展现 DeepSeek 赋能的高效生产力革新。

本书有很强的实践价值，为内容创作者、职场人士及技术爱好者提供了一条从“DeepSeek 工具使用者”到“AI 协作专家”的进阶路径，助力读者在数字化浪潮中抢占创新先机。本书也适合作为高等院校人工智能相关课程的教材。

◆ 著　　　　尤可可　秋　叶
　责任编辑　林舒媛
　责任印制　王　郁　胡　南

◆ 人民邮电出版社出版发行　　北京市丰台区成寿寺路 11 号
　邮编　100164　　电子邮件　315@ptpress.com.cn
　网址　https://www.ptpress.com.cn
　三河市中晟雅豪印务有限公司印刷

◆ 开本：720×960　1/16
　印张：16.25　　　　　2025 年 4 月第 1 版
　字数：239 千字　　　　2025 年 4 月河北第 1 次印刷

定价：59.80 元

读者服务热线：(010)81055410　印装质量热线：(010)81055316
反盗版热线：(010)81055315

前言 | PREFACE

编写背景

当 ChatGPT 重构文本生成逻辑、Midjourney 重塑视觉表达、Sora 颠覆视频创作时，人工智能生成内容（Artificial Intelligence Generated Content，AIGC）技术已悄然成为全球内容产业的底层驱动力。在这一变革中，DeepSeek 凭借其开源生态、交互能力和对中文语境的精准适配迅速崛起，成为个人与企业用户的首选人工智能（Artificial Intelligence，AI）协作平台。

然而，工具的爆发式增长也带来了新的挑战：如何应对“功能实操困境”，将庞杂的工具矩阵转化为实际生产力？如何设计精准的提示词指令，激发 DeepSeek 等 AI 工具的多样化创作潜力？本书的诞生，正是为了回答上述时代命题。本书不仅是一本工具说明书，更是一套面向未来的 AI 协作方法论。

本书按照“基础介绍—工具推荐—场景落地”的方式递进设计，帮助读者实现从理解工具本质到掌握高阶应用的跨越。

- Part 1 解析 DeepSeek 的技术优势与核心功能，帮助读者消除对新工具的畏惧感。
- Part 2 ～ 7 垂直深耕六大内容领域（写作、图表生成、演示文稿生成、图像生成、音乐生成、视频生成），拆解工具组合逻辑与提示词设计技巧。
- Part 8 拓展长文本、会议、搜索等衍生场景，帮助读者培养系统性 AI 应用思维。
- Part 9 通过教育、求职、商业产品设计等综合案例，展示 DeepSeek 的战略价值。

无论读者是希望精进某一技能的相关从业者，还是寻求系统性 AI 解决方案的决策者，均可在本书中找到清晰的进阶路径。

编写特色

本书的编写充分体现以下特色。

- 体系完善：从技术理论到场景落地的全流程拆解。本书系统梳理 DeepSeek 的技术原理、核心功能与生态布局，同时聚焦其在写作、图表生成、演示文稿生成等领域的应用逻辑，重点指导读者利用 DeepSeek 及各领域 AI 工具进行高效协同创作，形成“理论 + 实践”的完整闭环。
- 注重应用：以案例驱动的实操指南。本书围绕 DeepSeek 与写作类、图像类等 AI 工具的协同场景，通过大量的案例操作和分析，进行“需求拆解—工具组合—提示词设计—效果优化”的全流程讲解（如生成海报、企业路演 PPT 等），提供可复用的操作模板，致力于让读者轻松掌握各类工具的实操技巧。
- 图解教学：以可视化形式降低学习门槛。本书采用流程图、案例分步骤操作界面配图等形式，直观展示工具使用技巧、提示词设计等关键知识点，以图文并茂的方式，帮助读者快速理解抽象概念，让学习不费力。

资源与支持 | RESOURCES AND SUPPORT

资源获取

本书提供如下资源：

- 本书思维导图；
- 异步社区 7 天会员；
- DeepSeek 指导手册。

要获得以上资源，您可以扫描下方二维码，根据指引领取。

与我们联系

我们的联系邮箱是 linshuyuan@ptpress.com.cn。

如果您有兴趣出版图书、录制教学视频，或者参与图书翻译、技术审校等工作，可以发邮件给我们。

如果您所在的学校、培训机构或企业想批量购买本书或异步社区出版的其他图书，也可以发邮件给我们。

感谢您的支持，我们将持续为您提供有价值的内容。

关于异步社区和异步图书

“异步社区”（www.epubit.com）是由人民邮电出版社创办的 IT 专业图书社区，于 2015 年 8 月上线运营，致力于优质内容的出版和分享，为读者提供高品质的学习内容，为作译者提供专业的出版服务，实现作者与读者在线交流互动，以及传统出版与数字出版的融合发展。

“异步图书”是异步社区策划出版的精品 IT 图书的品牌，依托于人民邮电出版社在计算机图书领域多年的发展与积淀。异步图书面向 IT 行业以及各行业使用 IT 技术的用户。

目录 CONTENTS

Part 1 DeepSeek 概述

Part 2 DeepSeek 与写作类 AI 工具结合实操技巧

Part 3 DeepSeek 与图表类 AI 工具结合实操技巧

Part 4 DeepSeek 与演示文稿类 AI 工具结合实操技巧

Part 5 DeepSeek 与图像类 AI 工具结合实操技巧

Part 6 DeepSeek 与音乐类 AI 工具结合实操技巧

Part 7 DeepSeek 与视频类 AI 工具结合实操技巧

Part 8 DeepSeek 与其他 AI 工具结合实操技巧

Part 9 DeepSeek 综合性应用与案例分析

Part 1

DeepSeek 概述

作为一匹“AI 黑马”，DeepSeek 正引领着中国AI科技从“跟跑”到“领跑”。如今，DeepSeek 不仅是科技创新的焦点，更以“开源普惠”的姿态深度融入了人们的日常工作与生活。本章将和大家一起走近 DeepSeek，一窥其背景、特点与优势。通过这一章的学习，我们将更好地理解 DeepSeek 的潜力与价值。

1 走近 DeepSeek

DeepSeek 爆火的背景

在 AI 技术迅猛发展的浪潮中，中国科技力量正以创新姿态重塑全球人工智能格局。深度求索（DeepSeek）作为这一变革的代表性企业，其凭借突破性技术架构与开源生态战略，成为全球 AI 领域的重要参与者。DeepSeek 的创始人梁文锋于 2023 年创立 DeepSeek，专注于通用人工智能（Artificial General Intelligence，AGI）的研发，旨在打造“人类级别的智能”。

在 DeepSeek 的辅助下，无论是专业创作者还是普通用户都能充分释放自己的创意潜能，创造出独一无二的数字作品。而 DeepSeek 也凭借这种独特的创造力和高效性，在众多领域发挥出巨大的作用，引领着艺术创作、教育、金融甚至医疗等行业的又一轮创新与发展。

DeepSeek 的特点与优势

DeepSeek 作为 AI 领域的重要技术，其以智能化、高效性、灵活性等特点，在多个应用场景中展现出独特的优势。它不仅能满足多样化的用户需求，还能为技术创新和实际应用提供强大的支持。

1. DeepSeek 的三大特点

DeepSeek 具有智能化、高效性、灵活性三大特点，如图 1-1 所示。

2. DeepSeek 的三大优势

DeepSeek 的三大优势有技术创新，低成本、高效能，应用广泛性，如图 1-2 所示。

智能化	利用深度学习与自然语言处理技术，生成高质量、符合语境的内容，使用户能够将其与多种AI工具结合，快速掌握AI工具的使用技巧
高效性	快速生成大量高质量内容，显著提升工作效率，使用户能够通过与DeepSeek交互，轻松应对多样化的内容创作需求
灵活性	能够适应多样化的需求和场景，无论是文本生成、数据分析还是代码编写等，它都能提供灵活的解决方案，帮助用户轻松应对复杂任务

图 1-1 DeepSeek 的三大特点

技术创新	核心算法与模型设计具有先进性。通过优化模型架构和训练方法，DeepSeek能够在较低计算成本下实现高质量输出，显著降低使用门槛。同时，DeepSeek的多任务协同能力和灵活的定制化支持，使其能够与其他AI工具高效协同创作，满足用户多样化的创作需求
低成本、高效能	通过优化算法和资源利用，在实现高质量输出的同时，显著降低了计算成本。与GPT等大模型相比，DeepSeek能够在更低的资源消耗下完成复杂任务。基于这种低成本、高效能的特性，DeepSeek不仅为企业和个人提供了经济实惠的解决方案，还进一步帮助用户以更低的成本实现高效的内容创作
应用广泛性	能够为多领域提供高效解决方案。无论是金融领域的数据分析、教育领域的课件生成、商业领域的报告整理，还是创意领域的内容创作等，DeepSeek都能提供高质量的支持。这种广泛的应用价值，不仅拓宽了工具的使用场景，还为用户提供了更灵活、更高效的选择

图 1-2 DeepSeek 的三大优势

2 DeepSeek 入门实操

随着 AI 技术的不断进步，DeepSeek 作为一款强大的 AI 工具，其凭借智能化与高效性，正在为越来越多的用户提供强大的技术支持。对初学者来说，学会使用 DeepSeek 是利用 AI 工具提升效率、探索更多 AI 应用场景的第一步。本节将详细介绍如何访问 DeepSeek，帮助用户快速上手并体验其功能。

如何访问 DeepSeek

DeepSeek 的访问过程简单直观，用户只需几步即可快速上手。以下是具体操作步骤。

（1）**打开浏览器：**在计算机或移动设备（下文以计算机为例）上打开任意浏览器，如 Chrome、Edge 等。

（2）**进入 DeepSeek 官网：**在浏览器地址栏中输入 DeepSeek 的官方网址，进入官网。DeepSeek 官网主页如图 1-3 所示。

图 1-3 DeepSeek 官网主页

（3）**注册或登录账号：**单击 DeepSeek 官网主页中的“开始对话”超链接，会进入登录页面。新用户可以选择“验证码登录”（若使用未注册过的手机号会自动注册）或者“使用微信扫码登录”，完成登录操作后即可创建 DeepSeek 账号。DeepSeek 登录页面如图 1-4 所示。

（4）**进入 DeepSeek 对话页面：**登录后，用户可以看到 DeepSeek 对话页面，如图 1-5 所示。

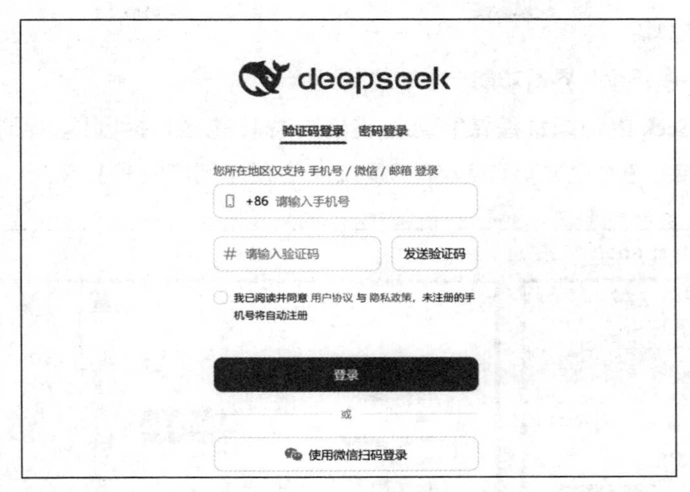

图 1-4　DeepSeek 登录页面

图 1-5　DeepSeek 对话页面

上手 DeepSeek 基本功能

现在正式进入 DeepSeek 的实操环节，本小节将详细介绍 DeepSeek 的界面功能、操作流程，以及常见问题解答，所有用户均可从零开始轻松驾驭这款强大的 AI 工具。

1. DeepSeek 界面功能

DeepSeek 界面设计简洁直观，主要分为功能区、提问区、回答区，如图 1-6 所示，每个区域都有明确的功能划分，便于用户快速上手。

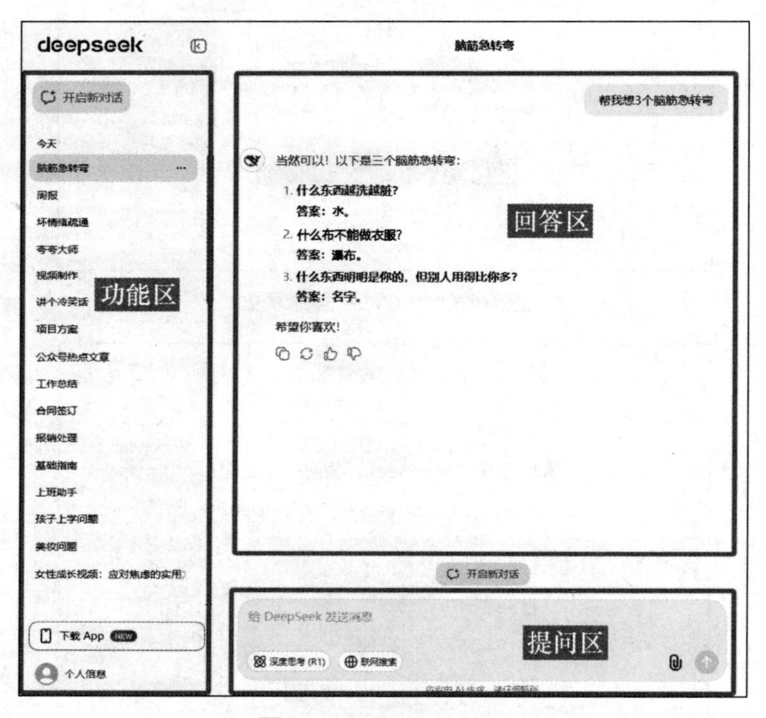

图 1-6 DeepSeek 界面

（1）**功能区（左侧导航栏）**。功能区是用户管理对话和设置的核心区域。单击“开启新对话”按钮可随时开启全新话题，历史记录可方便用户随时回溯之前的对话。此外，用户可通过“下载 App”按钮获取移动端应用，或单击“个人信息”按钮进行相关操作。

- 开启新对话：新话题的开启，可避免在同一对话框中进行不同类型话题。

- 历史记录：自动保存最近 30 天对话内容，支持关键词搜索。
- 下载 App：获取移动端（含 iOS/Android）应用。
- 个人信息：可以查看系统设置、删除所有对话、联系官方支持人员、退出登录。单击“个人信息”按钮弹出的菜单如图 1-7 所示。

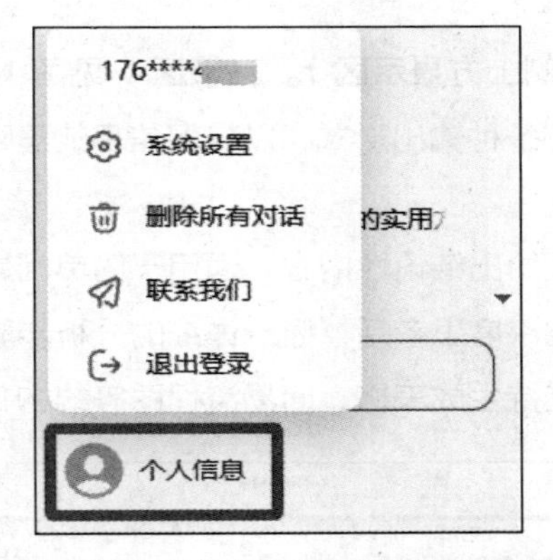

图 1-7　单击“个人信息”按钮弹出的菜单

（2）**提问区（右侧底部操作栏）**。提问区（见图 1-8）是用户与 DeepSeek 直接交互的核心区域，支持多种输入方式和功能切换，以满足不同场景下的需求。

- 常规对话：日常问答模式（默认开启），跟微信聊天类似，直接输入用户需要解决的问题或需求即可。
- 深度思考：单击“深度思考（R1）”按钮可处理复杂问题（如方案策划、逻辑推理）。
- 联网搜索：单击“联网搜索”按钮可获取实时信息（如最新政策、热点事件）。
- 附件上传：支持 PDF 格式、Word 文档、TXT 格式等各类文档和图片。上传附件时，一次最多支持 50 个文件，每个最大 100 MB（仅识别其中的文字）。

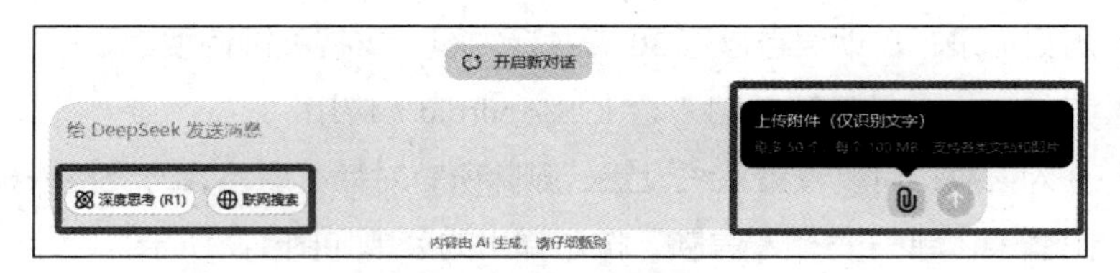

图 1-8 提问区

（3）**回答区（右侧上方显示区）**。回答区（见图 1-9）是 DeepSeek 展示生成内容的区域，支持多种输出形式，以确保信息的清晰与实用。

- 常规回答：直接给出结论性内容，适用于简单问题。
- 思考过程：开启深度思考后，显示详细的分析步骤和逻辑推导过程。
- 多样化输出：支持生成表格、简易流程图等结构化内容。

图 1-9 回答区

2. DeepSeek 操作流程

场景示例：朋友圈卖口红文案策划，其操作流程演示如图 1-10 所示。

（1）**开启新对话。**单击 DeepSeek 界面左上角“开启新对话”按钮。

（2）**开启深度思考。**单击右侧提问区“深度思考（R1）”按钮，按钮变成蓝色即为开启。

（3）**输入需求。**以下为示例。

> 我要在朋友圈卖奶茶店联名口红，需要：
> – 3 条不同风格的宣传文案（可爱 / 优雅 / 搞笑）；
> – 配图建议（如拍摄角度 / 滤镜色调）；
> – 互动话术引导下单。

（4）**获取结果。**单击发送按钮。

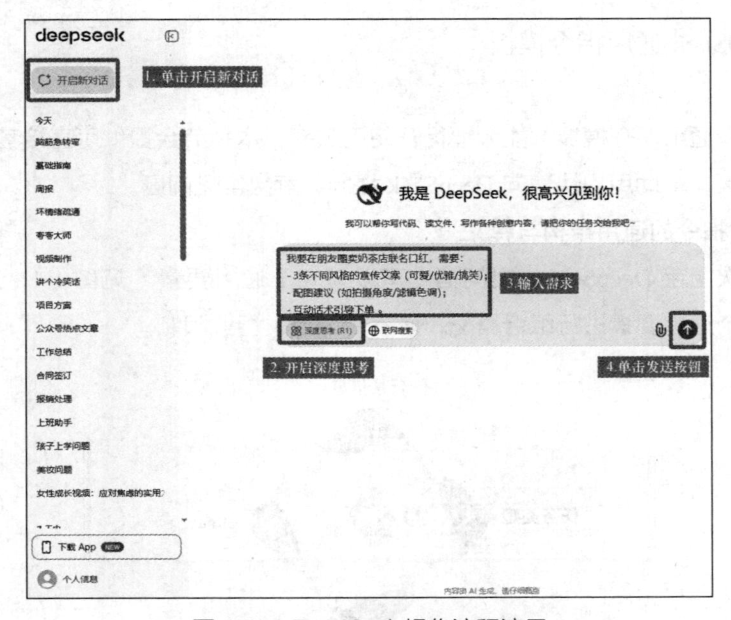

图 1-10　DeepSeek 操作流程演示

3. 常见问题解答

Q1：为什么显示服务器繁忙，无法回答？

▶ 常见原因：网络波动或同时访问人数过多，导致服务器瞬时压力过大。

► 解决办法：单击“重新生成”按钮；简化问题或换时间段重试；使用其他接入了 DeepSeek 的 AI 工具，例如腾讯元宝。

Q2：为什么上传文件后没有反应?

► 常见原因：文件超过 100 MB 或者上传格式不符合要求。

► 解决办法：将超大文档进行内容拆分；更改成适配的 PDF、TXT 等格式再上传。

Q3：为什么回答内容和我的需求不符?

► 常见原因：问题描述不够具体；没有提供跟需求相关的信息背景。

► 解决办法：提供需求背景；添加“举例说明”或“按这个格式：1……2……3……”；进行多次追问，详细告知 DeepSeek 回答中不足的部分，让它进行修改和再次回答。

DeepSeek 通用指令模板

掌握通用指令模板，能大幅提升使用效率。本小节会提供可直接套用的结构化模板，帮助用户快速向 DeepSeek 提问，解决常见问题。

1. 指令的通用结构与释义

初次上手 DeepSeek，提问指令可以从 4 个通用要素（见图 1-11）出发，将这 4 个通用要素进行组合搭配，可不受场景、行业限制。

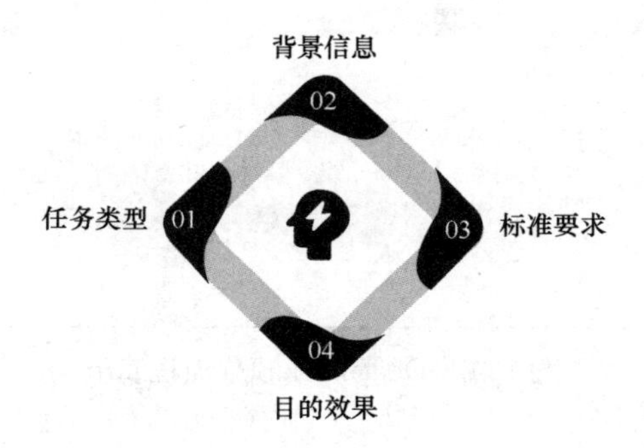

图 1-11 提问指令的 4 个通用要素

下面分别介绍这 4 个通用要素。

（ 1 ）**任务类型：** 明确需要 DeepSeek 执行的动作。

高频动词：生成 / 分析 / 总结 / 修改 / 解释。

示例：“生成一份关于……的方案”。

（ 2 ）**背景信息：** 提供必要上下文，提升回答精准度。

关键要素：用户身份 / 使用场景 / 特殊要求。

示例：“我是小学语文老师，需要设计一堂 20 分钟的作文课”。

（ 3 ）**标准要求：** 告知需要遵守的标准或要求，降低调整成本。

常用格式：分点 / 表格 / 流程图 / 口语化。

示例：“分点列出 3 个核心步骤，每个步骤不超过 20 字”。

（ 4 ）**目的效果：** 说明真实目的或期待达到的效果，避免思考方向错误。

关键点：明确目标受众 / 使用场景 / 期望效果。

示例：“目标是让小学生理解并记住知识点，内容需生动有趣”。

各领域、各行业皆可参考的通用指令模板如下。

“我需要 [任务类型：生成 / 分析 / 总结 / 修改 / 解释][具体任务]，背景是 [背景信息：用户身份 / 使用场景 / 特殊要求]，请按照 [标准要求：分点 / 表格 / 流程图 / 口语化] 完成，目标是 [目的效果：明确目标受众 / 使用场景 / 期望效果]。”

DeepSeek 通用指令模板使用示例如图 1-12 所示。

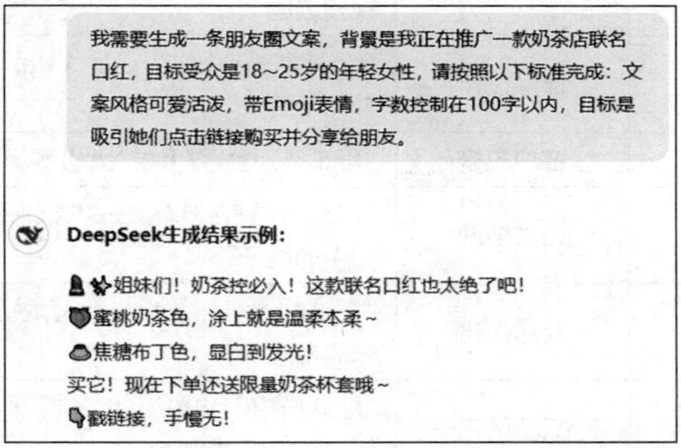

我需要生成一条朋友圈文案，背景是我正在推广一款奶茶店联名口红，目标受众是18~25岁的年轻女性，请按照以下标准完成：文案风格可爱活泼，带Emoji表情，字数控制在100字以内，目标是吸引她们点击链接购买并分享给朋友。

DeepSeek生成结果示例：

姐妹们！奶茶控必入！这款联名口红也太绝了吧！

蜜桃奶茶色，涂上就是温柔本柔~

焦糖布丁色，显白到发光！

买它！现在下单还送限量奶茶杯套哦~

戳链接，手慢无！

图 1-12 DeepSeek 通用指令模板使用示例

2. 高频使用场景定制指令模板

五大 DeepSeek 高频使用场景定制指令模板如表 1-1 所示。

表 1-1 五大 DeepSeek 高频使用场景定制指令模板

场景	模板公式	实际案例
写方案	“为 [身份] 生成 [主题] 方案，需包含 [要素]”	“为大学生生成校园运动会策划方案，需包含流程安排、预算清单、应急预案”
改文案	“将 [写作任务] 内容改为 [风格]，要求 [具体条件]”	“将产品说明书改为小红书风格，要求带 Emoji 表情和互动话术”
做总结	“总结附件中的 [内容类型]，突出 [重点]”	“总结我上传的会议记录，突出未解决的技术难题”
查资料	“查找关于 [主题] 的 [资料类型]，要求 [时间 / 来源限制]”	“查找关于 2025 年新能源汽车补贴的政策，要求附官网链接”
学技能	“用 [比喻方式] 解释 [专业知识]”	“用做菜的过程比喻并解释 AIGC 技术原理”

六大类岗位的 DeepSeek 高频使用场景定制指令模板如表 1-2 所示。

表 1-2 六大类岗位的 DeepSeek 高频使用场景定制指令模板

岗位类型	工作场景	示例指令
新媒体运营	热点借势	“结合端午节日热点，给美妆品牌策划 3 个短视频选题”
教师	课件设计	“给小学三年级学生设计《认识昆虫》的 10 分钟互动游戏”
销售	客户应答	“写 5 条回复客户说‘太贵了’的专业话术”
学生	论文辅助	“用通俗语言解释量子纠缠理论，并举 3 个生活中的例子”
电商运营	商品描述	“把这款保温杯的卖点改写成适合‘宝妈’群体的文案”
人事	招聘优化	“把这份招聘启事里的‘岗位要求’改得更吸引‘00 后’求职者”

如果不属于以上岗位，可参考以下提问模板。

> **“作为 [你的岗位，如人力资源 / 会计 / 设计师]，我需要完成 [具体任务，如薪酬报告 / 报税核算 / 标志设计]，当前遇到的困难是 [描述问题]，请给出 [数字] 条可执行建议。”**

3. 跟 DeepSeek 沟通时，使用模板的注意事项

（1）避免模糊指令

错误示例：“帮我写个东西”。

正确做法：“帮我写一篇关于健康饮食的短文，300 字左右，目标是让上班族了解如何快速准备营养早餐”。

原因说明：模糊指令会让 DeepSeek 无法准确理解需求，明确任务和目标能让回答更精准。

（2）为不同任务分别新建对话框

错误示例：在同一个对话框里要求“帮我写个文案”后，接着问“怎么学英语”。

正确做法：单击“开启新对话”按钮，为“写文案”和“学英语”分别创建独立对话框。

原因说明：DeepSeek 会根据上下文优化回答，混用任务可能导致回答混乱。

（3）复杂任务分步处理

错误示例：“帮我写一份完整的旅行攻略”。

正确做法：

第一步：“列出云南大理的 3 个必去景点”

第二步：“推荐每个景点附近的特色美食”

第三步：“总结一份 3 天 2 夜的行程安排”

使用指令模板，用户可快速实现从借助 DeepSeek 进行信息查询到使用 DeepSeek 进行复杂任务处理的跨越。下面将深入讲解如何通过优化提示词进一步释放 DeepSeek 的潜力。

3 DeepSeek 应用核心：优质提示词

从写作、图表生成、图像生成到视频生成，再到其他创新性应用场景，DeepSeek 和其他各类 AI 工具正以其强大的功能改变人们的工作和生活方式。然而，要让 AI 工具真正发挥效用，一个核心要素不可或缺，那就是“提示词”。

使用现成模板固然快捷，但灵活运用提示词才是使用各类 AI 工具的关键。提示词决定了生成内容的方向和风格，也决定了各类 AI 工具能否发挥更大效用。本节将带领大家深入认识提示词的定义、主要形式、特点及使用技巧，从而使大家能更好地利用 DeepSeek 和其他各类 AI 工具创作出更符合需求的内容。

■ 什么是提示词

在 AI 工具中，提示词扮演着至关重要的角色，是用户与 AI 工具沟通的桥梁。通过精准的描述和指引，提示词能够激发 AI 工具的创造力，生成符合用户期望的内容。因此，深入认识提示词，掌握其使用技巧，对于有效利用 DeepSeek 和各类 AI 工具至关重要。

1. 提示词的定义

提示词是 AI 工具中至关重要的概念，它指的是用户向 AI 工具输入用于指导其生成特定内容的指令。这些指令蕴含了用户的意图和期望，是 AI 工具理解并生成内容的基石。

通过 DeepSeek 的文本输入框输入并发送提示词，就可得到生成的内容。DeepSeek 的文本输入框如图 1-13 所示。

2. 提示词的主要形式

根据使用场景，提示词可以呈现为以下几种主要形式。

图 1-13　DeepSeek 的文本输入框

（1）**关键词**。关键词提示词是提示词最基础的形式，通常为具有高度概括性的词语或简短词语组合，用于引导 AI 模型捕捉核心概念或主题。关键词提示词示例如下。

```
科幻城市、赛博朋克风格、冷色调
```

在使用图像类 AI 工具时，上述关键词能直截了当地点明创作需求，使图像类 AI 工具生成相应主题与风格的作品。

关键词提示词适用于需快速抓取核心要点或者概念简单的场景，因此主要在生成图像、音乐等内容时使用。

（2）**短语**。短语提示词比关键词提示词具体和细致，能够传达更多细节和情感色彩。短语提示词示例如下。

```
自行车的发展历史
```

"自行车的发展历史"很明显是一个简单的短语，将这一短语提示词输入 DeepSeek 中便能获得其生成的历史资料。

短语是词语的组合。短语提示词在需要传递一定情境或情绪的场合中使用更为有效，它能够提供较为具体的方向，让生成内容更具有针对性。

（3）**句子**。相比关键词提示词和短语提示词，句子提示词可提供更为复杂和完整的情境描述，有助于 DeepSeek 生成更为精确和连贯的内容。句子提示词示例如下。

> **请你描述一只猫在雨后的夜晚悠闲漫步的画面。**

在使用 DeepSeek 写作时，句子提示词会让其生成富于细节和生动情节的故事段落。在使用 DeepSeek 生成图像时也类似，例如，复杂的句子提示词“描绘一位维多利亚时代的女士正在阅读一封来自未来世界的信件，周围环绕着复古与现代科技元素的融合场景”，能够让图像类 AI 工具创作出既包含时代特征又兼具奇幻元素的图像作品。

句子提示词在需要用 AI 工具高度定制化和精准输出的情况下使用效果极佳，如长篇文本写作、深度故事构思、特定情境下的图像生成等。因为它能够完整地表达用户的意图，使生成的内容更有可能贴近用户的真实需求。

（4）**文本段落**。将关键词、短语、句子组合在一起，形成有头有尾、条理得当的连续性段落文字，这就是提示词的另一种形式——文本段落。DeepSeek 能够理解用户输入的复杂文本信息，并整合所有信息以生成符合要求的内容。文本段落提示词示例如下。

> **我是一名有着 3 年工作经验的短视频运营，近期要参与一家互联网公司的面试。请帮我梳理一份高质量的面试指南，分为前期准备、面试问答、后期跟进 3 个环节。你生成的指南必须不少于 1000 字。**

篇幅较长的文本段落提示词会提供丰富详细的信息，主要适用于写作类 AI 工具。

优质提示词的特点

优质提示词具有多个显著特点，这些特点使提示词能够有效地引导 AI 工具生成符合预期的内容，如图 1-14 所示。

从优质提示词的特点可以看出，掌握 DeepSeek 等 AI 工具，就要掌握提示词；而要掌握提示词，就需要学习提示词使用技巧。

多样灵活 | 优质提示词的形式和内容具有多样性。它们可以是单个词语、短语、句子或更复杂的文本段落。这种多样性使提示词能够适用于不同的场景和生成任务。优质提示词的使用也非常灵活，用户可根据不同的需求和场景进行选择和组合，如选择与自己需求内容的主题、风格、情感等相关的词语

强调技巧 | 在创作过程中，运用特定的策略和方法，可以使提示词更具引导性和影响力。优质提示词往往能够准确捕捉AI工具的核心关注点，有效引导其生成符合预期的内容。这要求用户熟悉各类工具的工作原理，掌握恰当的词语选择、句式构造和语境营造等技巧，使生成的内容更加精准、生动和富有创意

可复用 | 提示词可复用意味着一旦用户找到有效的提示词组合和技巧，便可在不同的场景或任务中重复使用，从而提高效率。这种特点使AI工具尤其适用于批量生成内容或需要维持内容风格一致性的情况。通过复用提示词，用户能够轻松维持内容质量，并确保AI工具生成的结果与预期相符

图 1-14 优质提示词的特点

提示词使用技巧

说话讲求技巧，提示词的撰写也需要一定技巧。有效的提示词不仅能精准引导 AI 工具生成内容，还能显著提升生成内容的质量和效率。下面将深入探讨提示词的使用技巧，帮助用户更好地使用 AI 工具。

1. 三大类提示词

目前在写作类 AI 工具领域，使用较广泛的有三大类提示词，分别是要点式提示词、角色扮演式提示词及示例式提示词。掌握这三大类提示词，足以应对绝大部分的使用场景。

（1）**要点式提示词**。在学习与工作中，我们经常会接受各式各样的任务要求，好的任务要求往往要点明确，要点式提示词也是如此。

要点式提示词主要用于引导 AI 工具生成具有特定要点和结构的内容，列出关键主题、论点或细节可以帮助 AI 工具组织和构建连贯的内容。我们可以将要点式提示词当作“大纲”，它包含最重要的信息，能让 AI 工具“一目了然”，确保 AI 工具生成的内容符合预定框架和目标。要点式提示词示例如下。

> 撰写一篇关于气候变化影响的科普文章，要点包括温室效应原理、极端天气事件增多、海平面上升的影响。

要点式提示词是通用的提示词，适用于写作类、图表类、图像类、音乐类、视频类等几乎所有 AI 应用领域。精准提出要点，明确表达需求，是使用要点式提示词的重中之重。

（2）**角色扮演式提示词**。角色扮演式提示词是指让 AI 工具扮演特定角色（如记者、专家、小说主角等）进行内容创作。因有海量的数据，理论上 AI 工具可以调取任何行业、任何专家、任何名人的知识数据。通过设定角色和情境，这些 AI 工具能够根据角色的身份和立场生成对应风格的内容。这种提示词增强了生成内容的生动性和情境性。常见的角色类型如表 1-3 所示。

表 1-3 常见的角色类型

角色类型	说明	举例
职场职务	模拟各种职场职务，从基层员工到高级管理者，展现不同职务的工作风格和内容	市场营销专员、项目经理
专家学者	扮演不同领域的专家学者，提供专业的知识和见解	医学专家、经济学家、文案写作专家
社会身份	模拟各种社会身份，进行不同身份的交流	父母、朋友
名人	模拟古今中外名人	鲁迅、乔布斯
功能性工具	模拟各种具备特定功能的强大工具	公众号标题生成器

角色扮演式提示词示例如下。

> 请你扮演一名环保活动家，撰写呼吁公众减少碳排放的公开信。
>
> 我想让你扮演一名专业会计，为小企业制订一个财务计划，以达到节约成本的目的。
>
> 请你扮演一个强大的微信公众号标题生成器，基于我发送给你的主题，分别使用不同方法帮我生成 5 组标题。

另外，在一些需要“头脑风暴”的特殊场合，还可以让 AI 工具同时扮演多个角色思考问题、参与讨论。这类提示词示例如下。

> 请你扮演我的智囊团，团内有 3 名专家，分别是乔布斯、稻盛和夫和孔子。他们都有自己的个性、世界观和价值观，对问题有不同的看法和建议。我会在这里说出我的个人情况，请分别以这 3 名专家的身份和视角来审视，并给出评价和建议。不少于 800 字。

角色扮演式提示词主要适用于写作类 AI 工具，这是因为这类 AI 工具能够连续对话，也就可以持续扮演某些角色。借助这个技巧，用户可以轻松打造一个属于自己的专家团队，解决在生活、学习与工作中遇到的实际问题。

（3）**示例式提示词**。示例式提示词是指提供一个或多个样例，让 AI 工具借鉴或模仿样例的风格、格式或内容要素等来生成新的内容。根据给出的具体示例，AI 工具可以学习并重现类似的文体特征等，确保生成内容与用户期望的风格保持一致。示例式提示词示例如下。

> 模仿《哈利·波特》系列小说的叙事风格，写一段发生在魔法学校的冒险故事开头。
>
> 我会向你提供一段广告文案，请你模仿这段文案，为我公司的新产品撰写类似风格的文案。文案范例内容是“钻石恒久远，一颗永流传”。

除了直接给出示例，还可以让 AI 工具“先学习，再创作”，即先输入优秀示例，命令其学习提炼技巧，再让其根据这些技巧创作新的内容。这类提示词示例如下。

> **提示词①：**请分析下面这些广告文案共同的风格与特点。
>
> 1. 钻石恒久远，一颗永流传。
>
> 2. 唯美食与爱不可辜负。
>
> 3. 百度一下，你就知道。

DeepSeek 生成内容如下。

这些广告文案在风格与特点上具有以下共同点。

一、简洁凝练，句式规整

1. 短句结构：均采用 4～9 字短句（如“百度一下”四字短语和“一颗永流传”五字短语），具有中文韵律感。

2. 对仗工整：前两例使用“恒久远 / 永流传”“美食 / 爱”的意象并置，第三例通过“百度一下”与“你就知道”形成逻辑闭环。

二、情感共鸣与价值升华

1. 超越功能性：回避产品物理属性（如钻石硬度、搜索引擎技术），聚焦精神价值（永恒、爱、求知欲）。

2. 普世价值观绑定：将品牌与人类基础需求（爱情、食欲、好奇心）关联，例如通过“不可辜负”强化情感稀缺性。

三、语言符号的强记忆设计

1. 语音锚点：押韵（“远”“传”押韵）、数字（“一”字）强化记忆。

2. 行为指令：第三例首创“× × 一下”句式，成功将品牌动词化（类似 Google 的“Google it”）。

四、品牌战略的文本投射

1. 定位清晰化：戴比尔斯重构钻石文化意义，百度确立搜索入口地位。

2. 消费场景暗示：分别对应婚恋仪式（钻石）、生活享受（美食）、问题解决（搜索）三大高频场景。

深层传播逻辑：

这些文案均运用了“语言模因（MEME）”机制——通过压缩复杂概念为易传播的文化基因，在重复中形成集体潜意识。例如“不可辜负”已成为当代生活态度模因，而“恒久远”彻底改写了钻石的消费意义。

行业启示：

此类文案的成功在于将品牌升维为文化符号，用语言学策略（精简、韵律、隐喻）构建消费者认知捷径，最终达成“广告语即共识”的传播效果。

提示词②：现在请使用你分析的这些技巧特点，为一新款汽车撰写 10 条广告文案，汽车类型为家庭型，经济便宜。

DeepSeek 生成内容如下。

以下是基于前述分析技巧，为经济型家庭汽车创作的 10 条广告文案，突出实用性、情感纽带与记忆点：

一、功能价值与情感融合

1. 一箱油，半城烟火

（数字对比 + 生活意象，强化经济性）

2. 三排座，三代笑

（场景具象化 + 押韵，突出家庭空间）

3. 省在油门上，爱在方向盘

（动词对仗“省 / 爱”，绑定经济与情感）

二、“普世价值”升华

1. 家的方向，省的选择

（双关“省”字，兼顾省钱与生活决策）

2. 后视镜里，装满童年

（诗意隐喻，将车具象化为成长载体）

3. 路费不费，陪伴免费

（重复“费”字制造反差，强调隐性价值）

三、行为指令与场景暗示

1. 周末，出发！

（短促动词 + 时间锚点，激活使用联想）

2. 多载一斤爱，少耗一滴油

（量化对比，技术参数情感化表达）

四、语言模因设计

1. 车是移动的客厅

（重构认知：将“车 = 家”植入集体记忆）

2. 守护每一程，不贵每一分

（“程 / 分”价值承诺，形成消费共识）

创作逻辑拆解：

1. 经济性表达：通过“油”“省”“不贵”等关键词，结合数字 / 量化对比（如“一箱油”“半城”“一滴”），淡化廉价感，聚焦精明消费观。

2. 家庭符号构建：使用“家”“童年”“三代”“客厅”等场景词，将车辆从交通工具升维为“家庭情感容器”。

3. 对抗价格敏感：用“免费”“守护”等词转移对成本的关注，强调“省下的钱可转化为爱”。

4. 口语化指令：如“出发！”，降低理解门槛，适配下沉市场传播。

（可根据品牌调性选择偏感性或理性风格组合）

使用示例式提示词能有效纠正用户和 AI 工具之间的理解偏差。

2. 提示词进阶使用技巧

在三大类提示词之外，还存在许多提示词撰写技巧，能够帮助用户更高效地使用各类 AI 工具。

（1）**DeepSeek 主动生成提示词。**通过特定的提示词指令模板，可以让 DeepSeek 主动生成提示词。模板示例如下。

提示词：请根据我提供的行业、岗位或人群的对应工作领域，生成该领域可能会用到的 × 条高频 DeepSeek 提示词。请按照下面的模板进行生成。

我想让你扮演 [角色]。你擅长 [任务]。我想你帮我 [我的需求]，具体要求如下：

1. …… ；

2. …… ；

3. ……。

我提供的行业是：互联网公司

DeepSeek 生成内容如下所示。

互联网公司高频 DeepSeek 提示词（按岗位划分）

一、产品经理

提示词：

我想让你当我的产品设计助手。你擅长分析用户需求和改进产品功能，现在帮我优化一款社交 App 的新版本，要求：

1. 看看最近用户活跃度下降 10% 的原因；

2. 想 3 个能让用户每天打开的新功能点子；

3. 排出功能优先级和半年计划表。

二、程序员

提示词：

我想让你当技术问题帮手。你擅长解决网站卡顿和崩溃问题，现在帮我改进抢购活动的系统，要求：

1. 检查现在系统在高流量时会不会崩溃；

2. 设计防止服务器卡死的解决方案；

3. 给一段示例代码和测试方法。

三、设计师

提示词：

我想让你当体验优化导师。你擅长让界面更好用更美观，现在帮我改版在线课程的购买页面，要求：

1. 找出用户最容易放弃操作的步骤；

2. 设计 3 版更顺手的页面布局；

3. 制定效果验证方法和评分标准。

四、数据分析师

提示词：

我想让你当数据洞察专家。你擅长从数据中发现商机，现在帮我提升会员消费额，要求：

1. 把会员分成 6 种类型并说明特征；

2. 给长时间不消费的用户设计唤醒活动；

3. 预测活动能赚多少钱和需要多少成本。

五、运营人员

提示词：

我想让你当活动策划参谋。你擅长设计吸引人的促销活动，现在帮我策划“6·18”拉新活动，要求：

1. 设计邀请好友得奖励的玩法；

2. 计算不同奖励方式能带来多少新用户；

3. 制定防止刷奖励的应对方案。

可以看到，DeepSeek 可根据要求完善提示词模板，生成要点翔实的提示词。用户只需稍做修改，便能快速获得自己需要的提示词。

（2）**巧用符号**。一些特定的符号能帮助用户条理清晰地梳理提示词内容，包括序号、占位符、分隔符、界定符等，如表 1-4 所示。

表 1-4　提示词符号

符号类型	说明	举例
序号	用于标识顺序或步骤	1. 、2. 、3. ……
占位符	用于表示待填充或待替换的内容	[]、()
分隔符	用于分隔不同部分或内容	---
界定符	用于界定某个文字或表示特定意义的词语	“”、‘’

图 1-15 所示为提示词符号使用案例，通过灵活选择符号，使提示词更丰富、有序。

（3）**程序员提问法**。在学习提示词技巧的过程中，我们使用的关键词要点、短语句子、段落文本等，都属于自然语言，即人类在日常生活中用于交流的口头和书面语言。AI 技术应用依托于发达的计算机语言，因此在一些更专业的领域，我们可以使用编程语言向 AI 工具发布命令，如 Markdown 语言。

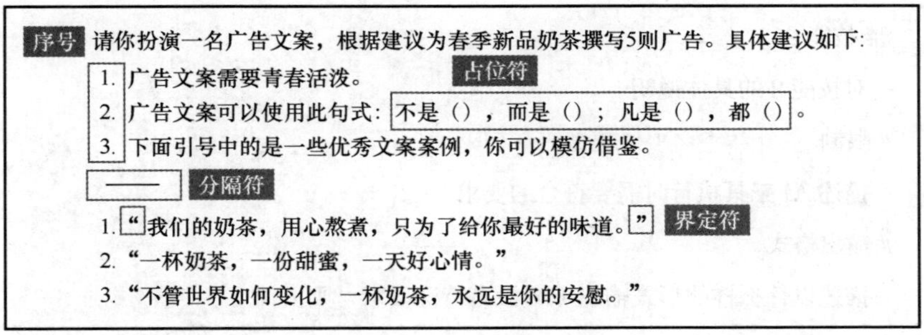

序号 请你扮演一名广告文案，根据建议为春季新品奶茶撰写5则广告。具体建议如下:

占位符

1. 广告文案需要青春活泼。
2. 广告文案可以使用此句式：不是（），而是（）；凡是（），都（）。
3. 下面引号中的是一些优秀文案案例，你可以模仿借鉴。

—— 分隔符

1. “我们的奶茶，用心熬煮，只为了给你最好的味道。” 界定符
2. “一杯奶茶，一份甜蜜，一天好心情。”
3. “不管世界如何变化，一杯奶茶，永远是你的安慰。”

图 1-15 提示词符号使用案例

Markdown 是一种轻量级的标记语言，它支持人们使用易读易写的纯文本格式编写文档，然后将之转换成结构化的超文本标记语言（HyperText Markup Language，HTML）或者其他格式。在 AI 工具中，Markdown 可以作为一个强大的提示词工具，帮助用户更精确地控制生成内容的格式和结构。在 Markdown 中，标题是通过在文本前加上“#”来创建的，“#”的数量表示标题的级别。

```
# 一级标题
## 二级标题
### 三级标题
……
```

这些格式可以用来指示提示词的各个层级，帮助 AI 工具理解内容的结构。按照这样的结构，下面的角色扮演式提示词模板可命令 AI 工具扮演一位拥有多种技能的专家。

```
# 角色
你是一位 ×××，你擅长 ××××
# 技能
## 技能 1
- 对技能 1 的具体说明
```

```
## 技能 2
- 对技能 2 的具体说明
# 限制
- 描述 AI 工具执行时需要符合的要求
# 输出格式
- 描述以什么样的形式输出（若没有特殊要求，则去掉）
```

Part 2

DeepSeek 与写作类 AI 工具结合实操技巧

一直以来，写作都是人类表达思想、传递情感、记录历史等的重要手段。在数字化时代，写作正经历着前所未有的变革。AI 写作工具可快速生成语句、文段与文章。这类工具不仅在一定程度上继承了传统写作的精髓，更通过机器学习和自然语言处理等技术，实现了前所未有的高效率。

DeepSeek 以其独特的优势，将逐渐改变人们的写作习惯。我们通过了解这种新型写作工具的特点和优势，可更好地把握未来的写作趋势，为创作注入更多的灵感和动力。

1 写作类 AI 工具介绍

写作类 AI 工具指能够生产文字内容的工具。它是 AI 领域应用最广泛的工具类型之一。

下面将介绍几款主要的、已接入 DeepSeek 的写作类 AI 工具，以便大家更全面地了解它们的特点和应用场景。

腾讯元宝与 DeepSeek

腾讯元宝是腾讯公司基于自研混元大模型开发的 AI 助手 App。腾讯元宝支持语音和文字搜索，涵盖微信公众号和视频号等信息源，还设有 DeepSeek-R1 模型集成深度思考与联网搜索功能，该模型可以利用联网搜索确保回答的时效性和权威性。腾讯元宝的图标如图 2-1 所示。

图 2-1 腾讯元宝图标

秘塔 AI 与 DeepSeek

秘塔 AI 是秘塔科技旗下的一款 AI 搜索产品，其特点是可以帮助用户简单、高效地搜索答案。2025 年 2 月 3 日，秘塔科技宣布在秘塔 AI 搜索中集成“满血版”DeepSeek-R1 推理模型。秘塔 AI 的图标如图 2-2 所示。

图2-2 秘塔AI图标

其他接入DeepSeek的写作类工具

除腾讯元宝、秘塔AI外，还有许多各具特色且接入DeepSeek的写作类AI工具可供用户选择，如表2-1所示。

表2-1 部分接入DeepSeek的写作类AI工具

工具名称	功能简介
知乎直答	接入满血版DeepSeek-R1，结合检索增强生成（Retrieval Augmented Generation，RAG）技术实现跨文档、长文本的智能解析与问答
华为云DeepSeek智能写作平台	提供一站式写作解决方案，包括智能选题、多风格文案生成、实时数据分析等
作家助手	作家助手是一款专为网文作者设计的辅助创作产品。在接入DeepSeek-R1大模型后，作家助手在智能问答、获取灵感和描写润色这3个方面得到了明显提升
中文逍遥	基于DeepSeek-V3与DeepSeek-R1提出的技术路线，中文在线正着力研发并训练升级版“中文逍遥”，以进一步提升该大模型的创作能力。中文在线已在部分内部AI网文创作流程中部署了DeepSeek-R1，从而提高创作效率

熟悉这些实用工具并熟练掌握其中几款的应用，对学习与工作大有益处。

在挑选适合自己的写作类AI工具前，可主动了解市场上可用的写作类AI工具，查阅相关资源，如产品官网、用户评价、专业评测文章等，以获取写作类AI工具的详细信息。再对比不同工具的特点，包括它们的自然语言处理能力、支持的写作类型、是否提供定制化选项、用户界面是否友好等。如果可能，可先尝试使用写作类AI工具的免费试用版或演示版，亲身体验工具的功能和性能。最后，还需要了解这些写作类AI工具的局限，如字数输入限制、可能生成虚假内容等。

写作类 AI 工具仍然在不断进步和更新。持续关注所使用的 AI 工具的最新动态，是紧跟 Al 领域发展前沿的重要途径。

2 DeepSeek 与写作类 AI 工具结合的应用场景

目前，接入 DeepSeek 的写作类 AI 工具已应用于多个领域。它们能够协助创作者快速生成高质量的文本内容，模拟自然流畅的对话互动，提供优化建议，进行文本润色，甚至实现跨语言的无缝沟通。

本节介绍常见的 DeepSeek 与写作类 AI 工具结合的应用场景。熟悉这些具体的应用场景有助于后续有针对性地撰写提示词、使用 AI 工具，提高内容生成效率。

生成文章文案

文章文案是指通过文字来传达特定信息、情感或观点的写作形式。在各种场合，如职场、商业、学术、社交媒体等，文案都扮演着至关重要的角色。DeepSeek 在文章文案领域的应用，极大地提升了创作效率和质量。

文章文案是一个很大的类型，根据具体的场景，可分为 5 种具体类型，如表 2-2 所示。

表 2-2　文章文案的具体类型

类型	描述
职场应用文	包括简历、求职信、报告、会议纪要等。DeepSeek 可快速生成格式规范、内容准确的职场文案，帮助用户提升工作效率
商业营销文案	包括广告文案、宣传册、产品描述等。DeepSeek 能精准把握品牌调性，创作引人入胜、转化率高的商业营销内容
新媒体文案	包括社交媒体帖子、博客文章、公众号内容等。DeepSeek 能结合新媒体特点，创作出既吸引眼球又易于传播的新媒体文案

续表

类型	描述
论文	在学术领域，DeepSeek 可以协助完成文献综述、论文摘要等部分，提高写作效率，同时确保学术规范和准确性
文艺作品	包括小说、散文、诗歌等。DeepSeek 能够在保持作品原创性的基础上，协助作者进行情节构思、语言润色等，丰富文艺创作的可能性

用户只需在 DeepSeek 的对话界面输入文章文案的需求，即可快速获取生成内容。下面的案例展示了利用 DeepSeek 生成一首诗歌的过程。

提示词：请写一首现代诗，主题是"冬去春来"。

DeepSeek 生成的内容如下所示：

《解冻期》

冰裂纹在玻璃上练习复调
壁炉的余烬里，候鸟的喉结
滚动着解冻的经纬度

冻土下，藤蔓正在破解
锈蚀的犁与年轮间的密码
而所有冬眠的钟表零件
都在等待绿焰
咬穿地壳的瞬间

那些被寒风没收的指纹
此刻正从树根深处发芽
像一群沉默的邮差
投递着苔藓的明信片

当最后一块浮冰游向银河

指纹在荒原上生出菌群
我们终于学会用融雪的语法
翻译出泥土里蛰伏的闪电
冬去春来
冬去春来又一年，
雪花融化草渐鲜。
寒风渐远暖阳近，
枝头鸟语唤新天。

DeepSeek 内容生成界面如图 2-3 所示。

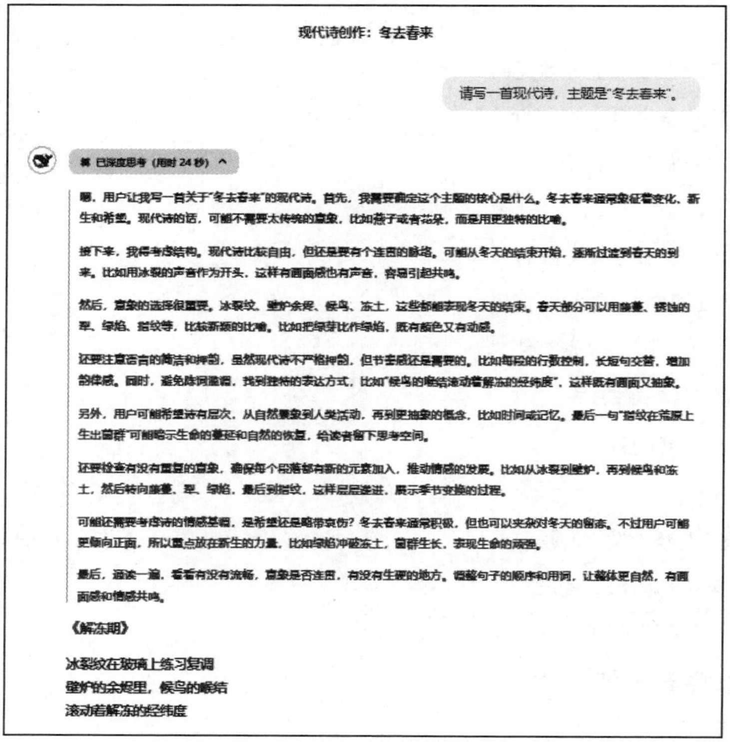

图 2-3 DeepSeek 内容生成界面

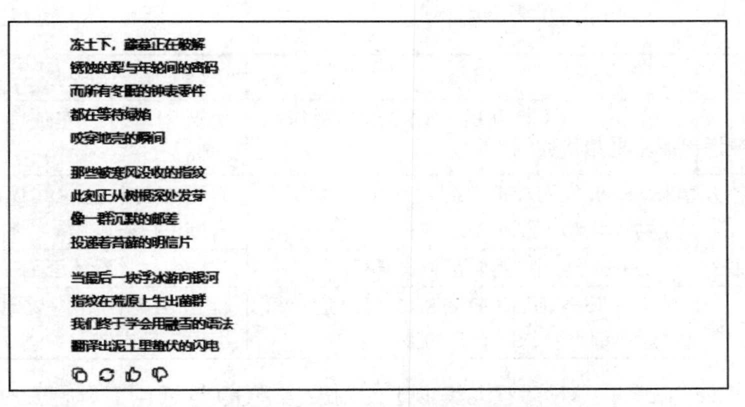

图 2-3 DeepSeek 内容生成界面（续）

对话互动

对话互动作为 AI 工具在交互性内容领域的核心应用之一，展现了人工智能在模拟人类语言习惯与思维方式方面的卓越能力。DeepSeek 的对话界面如图 2-4 所示。

图 2-4 DeepSeek 的对话界面

通过深度学习和自然语言处理等技术，DeepSeek 能够与用户进行自然、流畅且高度个性化的对话交互。对话互动的应用场景广泛，也具有很强的实用性，包括情境模拟、情感交流、灵感启发等，如表 2-3 所示。

表 2-3 对话互动类应用场景

场景	简介	举例
情境模拟	DeepSeek 通过模拟不同情境，与用户进行角色扮演和互动	模拟面试、角色扮演游戏

续表

场景	简介	举例
情感交流	DeepSeek 以人性化的方式与用户进行情感交流	生活闲聊、心理疏导、倾听烦恼
事务咨询	DeepSeek 作为虚拟“行业专家”，为用户提供各种事务咨询服务	日程安排、健康建议、法律咨询、财务规划
灵感启发	DeepSeek 为用户提供创意灵感和启发	写作取材、设计思路
客户服务	在客户服务领域，DeepSeek 可以通过模拟对话提供快速、准确的服务响应	解答常见问题、处理投诉、提供售后支持

与 DeepSeek 进行对话互动类似于使用微信、QQ 等通信工具聊天对话，通过在聊天框发送对话内容即可完成。下面的案例展示了模拟面试的对话过程。

提示词： 我是一名新媒体运营岗位的求职者，请你扮演我的面试官。接下来我们会进行模拟面试。请你一次提一个问题。

DeepSeek 生成内容如下所示：

好的，我们现在开始模拟面试。我是面试官，你是求职者。我会逐一提出问题，请你根据真实情况或合理想象回答。

问题 1：请举例说明你从 0 到 1 搭建某个新媒体账号或大幅提升某个新媒体账号影响力的经历。具体描述当时的目标、策略设计、执行中的关键动作，以及最终的数据结果和复盘思考。

提示词： 在我之前的工作中，我负责运营一个健康类的新媒体账号。我们的目标是在半年内从 0 开始做到 1 万粉丝。策略上，我们专注发高质量的健康内容，还搞了些互动活动和社群，也和其他 KOL 合作互推。执行上，我们每周都会看数据，调整内容。结果上，我们提前达到了粉丝数量目标，互动也挺好。回想起来，内容是关键，社群也帮了大忙，以后还想试试更多内容形式和付费模式。

DeepSeek 生成内容如下所示：

问题 2：你在执行过程中提到每周分析数据并调整内容。能否具体说明一次通过数据分析发现的关键问题，以及你如何据此优化内容或策略？对变化的数据（如点击率、互动率等）是否有量化对比？

优化润色

除了直接生成文本内容，DeepSeek 还支持对文本的优化润色，这是其在文本质量提升方面的应用。DeepSeek 可对文本进行语句校对、风格调整、缩写扩写等操作，使文本更加流畅、易读。这一功能相当于承担“编辑校对”的工作，可极大节省用户写作的时间与精力。表 2-4 所示为优化润色的具体应用场景。

表 2-4　优化润色类应用场景

场景	描述
语句校对	检查文本中的语法错误、拼写错误和标点符号使用不当等问题，并提供相应的修正建议
风格调整	根据用户的需求或特定场合的要求，对文本的语言风格进行调整。例如，DeepSeek 可将文本从正式风格调整为轻松幽默的风格，或者将科技专业术语转换为通俗易懂的语言
缩写扩写	根据文本内容进行缩写或扩写。对于长篇文本，DeepSeek 可以智能地提炼出关键点，将文本压缩为简洁明了的摘要或概要。而对于简短的内容，DeepSeek 则能够补充细节，扩展文本的内容和深度
内容优化	DeepSeek 还可以对文本的内容进行优化。例如分析文本的逻辑结构和语言表达，提供优化建议，使文本更加连贯、有说服力

利用 DeepSeek 可以节省校对与优化文本的时间，下面是一则修改语病与错别字的使用案例。

提示词：请你修改下面这段文字中出现的语法与字词错误。

小明在昨天的比赛中发挥的非常出色，他的投篮技术精堪，让对手们望尘莫及。虽然比赛的过程很激烈，并且小明依然保持冷静，不断在场上调整自己的节奏。他的表现赢得了观众的热烈掌声，大家都纷纷表示他是一个很有潜力的球员。

DeepSeek 生成内容如下所示：

小明在昨天的比赛中发挥得非常出色，他的投篮技术精湛，让对手们望尘莫及。虽然比赛过程很激烈，但小明始终保持冷静，不断调整自己的节奏。他的表现赢得了观众的热烈掌声，大家都纷纷表示他是一个很有潜力的球员。

修改说明如下。

1.“的”改为“得”：在“发挥得非常出色”中需要用补语标志“得”。

2.“精堪”改为“精湛”：正确成语应为“技艺精湛”。

3. 调整逻辑关联词：将“并且”改为“但”，使“虽然……但……”形成正确转折关系。

4. 优化句式结构：删除冗余的“在场上”，使“不断调整自己的节奏”更简洁有力。

5. 微调语序：“比赛的过程很激烈”改为更简洁的“比赛过程很激烈”。

6.“保持冷静”前增加“始终”强化持续性，与“不断调整”形成呼应。

修改后的文本在保持原意的基础上，语言更加规范准确，逻辑衔接更紧密，行文流畅度显著提升。

▌语言翻译

DeepSeek 的语言翻译功能是指利用人工智能技术，实现不同语言之间的自动翻译。这一功能在全球化日益加速的今天显得尤为重要。DeepSeek 的语言翻译功能不仅能够快速地将一种语言转换为另一种语言，还能保持原文的语义、语调和风格，使得翻译结果准确、自然。对比传统翻译工具，DeepSeek 显得更加灵活、强大。

下面的案例中，DeepSeek 准确地翻译了散文名篇《荷塘月色》，且仅用了数秒。

提示词：请你将下面这段话翻译成英文。

这几天心里颇不宁静。今晚在院子里坐着乘凉，忽然想起日日走过的荷塘，在这满月的光里，总该另有一番样子吧。月亮渐渐地升高了，墙外马路上孩子们的欢笑，已经听不见了；妻在屋里拍着闰儿，迷迷糊糊地哼着眠歌。我悄悄地披了大衫，带上门出去。

DeepSeek 生成内容如下所示：

These days, my mind has been rather restless. Tonight, as I sat in the courtyard cooling off, I suddenly thought of the lotus pond I pass by daily–under the radiance of this full moon, it must present a different aspect, I mused. The moon was gradually climbing higher, the children's laughter from beyond the wall had faded away, and inside, my wife was patting Run'er while humming a drowsy lullaby in a daze. Quietly draping my overcoat, I eased the door shut behind me and went out.

3 DeepSeek用于写作的提示词设计步骤

使用DeepSeek写作时，提示词的设计至关重要。精心设计的提示词不仅能引导DeepSeek生成符合预期的内容，还能极大地提高生成内容的质量和效率。下面将探讨DeepSeek用于写作时的提示词设计步骤，以帮助大家实现高效率与高质量的写作。

明确应用场景

设计DeepSeek用于写作时的提示词的第一步是明确应用场景，或称明确写作目标，即明确需要DeepSeek生成何种领域、类型、使用场景的文本内容。

这一步骤与用户个人的需求高度相关，且需遵循以下原则。

1. 具体性

应用场景越具体，越有利于DeepSeek的内容生成。因此描述应用场景的语言不可模糊不清。

模糊的描述语言： 写一篇文案	**具体的描述语言：** 写一篇商业广告营销

Part 2的第2节详细介绍了四大类应用场景——生成文章文案、对话互动、优化润色与语言翻译，并介绍了这四大应用场景的具体细分场景。为了保证具体性，用户可对照Part 2第2节的具体细分场景明确需求。

2. 独一性

一则提示词中只设置一个应用场景，避免用DeepSeek一次性生成过多不同类型的内容而导致生成内容杂乱。

杂乱的描述： 生成一份应届生求职简历、 一份学习计划和一篇影评	独一的描述： 生成一份应届生求职简历

确认细节要点

设计针对 DeepSeek 写作提示词的第二步是确认细节要点，指在明确应用场景的基础上进一步确认更多细节要求，让提示词完整、丰富、具备实操性。提示词的丰富程度直接影响其生成质量。

下面的案例展示了两类不同的提示词。

提示词示例 1：

写一篇商业广告营销文案。

DeepSeek 生成内容如下：

当流量红利消退，您的广告费是否还在为无效曝光买单？

当消费者注意力碎片化，品牌故事是否总在算法迷宫中失声？

当 ROI 成为紧箍咒，营销团队是否困在数据沼泽里举步维艰？

提示词示例 2：

请你写一篇商业广告营销文案，该广告主体是 A 品牌的电动 mini 汽车。主要受众是年轻群体，尤其是女性。风格需要活泼、青春、靓丽。另外字数要在 50 字以内，简约吸睛。

DeepSeek 生成内容如下：

【A 电动 mini · 少女出街神器】

萌力全开！三色糖果车身 + 美颜补光镜

充电 1 次狂飙 150km，奶茶位 & 宠物座

0 排放の心动暴击：月供一杯星爸爸

戳我解锁春日甜酷皮肤
（注：47字，用Emoji视觉增效，聚焦“颜值/萌宠/低负担”年轻女性三大痒点，数据化呈现续航优势，类比月供，降低价格敏感度）

从上面的案例中不难发现，如果仅仅将“写一篇商业广告营销文案”作为提示词发送给DeepSeek，其生成的内容对象将会或过于随机，或过于宽泛，难以直接应用；而在第二个案例中，提示词的要求精确至广告主体、主要受众、风格和字数，相应地，DeepSeek生成的内容也更具针对性。

在使用DeepSeek写作时需要从多个维度仔细审视和确认细节，只有对写作目标、文本风格、受众群体等细节进行充分的思考和规划，才能让其生成更加精准、实用的文本。

表2-5从多个维度提供了针对DeepSeek写作提示词的设计要点。在设计提示词与实际操作工具时，可以有针对性地参考。

表2-5 DeepSeek写作提示词的设计要点

维度	说明	提示词举例
框架	所需内容包括的板块、环节、细分内容	列出不同绩效水平对应的激励措施，包括奖金、晋升、培训等框架板块
风格	某种文体/平台/写作手法/作者的风格特点	符合公文写作的风格/符合小红书平台的风格
禁忌事项	需要避免的事项	不需要解释/不要包括我已经给出的内容
格式	所需内容的呈现方式	整合成一段话/以表格的形式/以代码的形式/需要×级标题
字数	所需内容的字数	不超过2000字
受众	所需内容面向的人群受众	面向女性群体/面向12岁以下儿童
目的	想取得的效果与目标	激发购买欲望/提高品牌知名度
语言	文本的语言类型与水平	以中文写作/翻译成英语/以日语初学者的口吻写作

完善提示词

经过明确应用场景与确认细节要点两大步骤后，一段完整提示词所需的信息已基本成形。为了让 DeepSeek 快速理解并把握重点信息，还需继续完善提示词，使其结构清晰、要点明确。具体来讲，完善提示词要遵循以下五大原则。

1. 结构清晰

提示词应当具备明确的逻辑结构，按照信息的重要性或相关性进行排列。这样 DeepSeek 能够迅速识别出关键信息，并按照预设的逻辑顺序进行处理，避免信息混乱和遗漏。一般将应用场景（或称需求）和细节要点（或称要求）以分段的形式分为两个板块使其直观易读。

2. 重点突出

在提示词中，应当通过使用换行、序号、标点符号等技巧，突出重要信息。重点突出的提示词有助于提高 DeepSeek 对特定信息的敏感度，增强生成内容的针对性。

以上两点如图 2-5 所示。图 2-5 中的示例将需求单独置于一行，再换行分点介绍具体的细节要求。

需求：根据“×××”，帮我生成×个×××。要求如下：

1. 要求1;
2. 要求2;
3. 要求3。

图 2-5　提示词示例

3. 语言简练

提示词应当使用简洁明了的语言，避免使用冗长复杂的句子和过多的修饰词。简练的语言有助于减轻 DeepSeek 处理信息的负担，提高处理速度；同时简练的语言也更容易被 DeepSeek 理解和识别，可以减少产生误解和偏差的可能。设计提示词时可以多用短句，少用长句，精简信息。

4. 易于理解

提示词应当使用通俗易懂的语言，避免使用过于专业或生僻的词汇。这一原则可使 DeepSeek 更好地理解用户的意图和需求，从而生成更符合用户期望的内容。提示词中尽量使用可以量化的词汇或描述具体的场景，如将“不要太长”改为“300 字以内”。另外，少用隐晦字句，多用直白表达。

5. 善用提问法

善用提问法有助于提高 DeepSeek 生成的效率与生成内容的质量。部分提问法如表 2-6 所示。

表 2-6　部分提问法

名称	介绍	举例
角色扮演法	让 DeepSeek 扮演某个角色，如专家、学者、名人等，解决专业领域问题	假如你是一名营销文案写作高手 假设你是大诗人李白
示例法	为 DeepSeek 提供案例，使其学习模仿	请学习领悟下面这些广告文案的特点： 1. 钻石恒久远，一颗永流传； 2. 唯美食与爱不可辜负； 3. 百度一下，你就知道
模板法	提供固定模板让 DeepSeek 补充完整	以“亲情”为主题，用“最……的不是……，而是……”句式造句，一共 10 条，每条字数不少于 30 字

遵循以上原则，可以将较为粗糙的提示词打磨得更为清晰明了、内容丰富。下面仍然以商业广告营销文案的生成为例。

示例如下。

提示词完善前：请你写一篇商业广告营销文案，该广告主体是 A 品牌的电动 mini 汽车。主要受众是年轻群体，尤其是女性。风格需要活泼、青春、靓丽。另外字数要在 50 字以内，简约吸睛。

提示词完善后：假设你是一位营销文案大师，请你撰写商业广告营销文案，具体要求如下。

1. 该广告主体是 A 品牌的电动 mini 汽车。

2. 主要受众是年轻群体，尤其是女性。

3. 风格需要活泼、青春、靓丽。

4. 字数要在 50 字以内，简约吸睛。

5. 请模仿下面这些文案的风格：“抓住春节的尾巴，再野一回。”“加一箱逃离城市的油吧。”

DeepSeek 生成内容如下所示：

1. 电量满格，少女出街！ A 电动 mini，百变车身随你“妆”，闺蜜专座全天待命！

2. 周末不“充电”，怎么放电？萌系座驾续航持久，钻进 A 电动 mini，做街角最飒的闪电！

3. 甩开笨重，轻装追风！ A 电动 mini 小到能装进风景，大到装满你的少女心！

4. 通勤是油费？不，是出场费！ A 电动 mini 蓄满甜美电量，挤早晚高峰也要闪成焦点！

追问

尽管 DeepSeek 在写作领域已取得极大进步，但仍不能完全取代人类写作。作为操作 DeepSeek 的人，需要依靠自己的判断力审读生成内容，并查漏补缺、反馈优化，力求完善。DeepSeek 能够理解与用户的上下文对话，这便使追问成为可能。

1. 追问的定义

追问指在 DeepSeek 生成内容之后，通过再次发送提示词指令的方式，让其修改自己生成的内容。用户可以通过扩写、补充、润色、转换、批评指正等技巧让 DeepSeek 对生成内容进行完善，如表 2-7 所示。

表 2-7 反馈追问提示词

技巧	介绍	提示词举例
扩写	指定某一部分，让 DeepSeek 扩写	请将第 × 点内容扩写到 300 字
补充	指定某一部分，让 DeepSeek 丰富更多内容	请给第 × 点补充更多的细节
润色	优化生成内容的语言准确性和风格倾向	请将第 × 部分的内容进行润色，让表达更正式
转换	修改某一部分的格式	请将第 × 部分的内容用表格的形式呈现

续表

技巧	介绍	提示词举例
批评指正	指正某一部分的错误，并要求修改	第 × 部分的说法有误，请你改为正确说法
发散思考	就某一部分提供更多可能性，引导 DeepSeek 继续思考	对于第 × 点，还有哪些可行的方案？请你继续列出
质疑提问	对 DeepSeek 生成内容提出进一步的问题	为什么你会说“× × 是 × ×”？
总结归纳	要求 DeepSeek 总结并归纳其生成的内容	现在请你将你生成的内容，归纳总结为 × 个小点

DeepSeek 通过维护对话历史的状态来理解上下文，这意味着它能够记住之前的对话内容，并将其作为当前交互的一部分来参考。这样，用户就可以就某一领域话题持续讨论与提问，进行“打破砂锅问到底”的提问。

2. 追问与连续对话的重要性

追问与连续对话是使用 DeepSeek 写作时一个相当有效的技巧。通过追问，用户可以获得更深层次的信息和更具体的细节，这有助于 DeepSeek 全面理解某个话题或问题。连续对话能使 DeepSeek 根据用户提供的额外信息或上下文调整其回答，生成更准确和个性化的内容。另外，追问和连续对话充分模拟了现实生活的对话情境，为用户提供了一种更自然、更类似人类对话的交互方式。

3. 追问案例

使用追问提示词，用户可以将一个复杂的任务拆解为多个小任务，从而连续提问、逐一击破。下面一组追问案例展示了这个技巧的效果。

提示词①：请介绍向顾客销售产品的 4 个策略。

DeepSeek 生成内容如下所示：

1.【需求深挖术】——用“黄金三问”锁定痛点

方法：通过开放式提问（如“您目前遇到的最大挑战是什么？”）、封闭式确认（“是否曾因 × × 问题影响效率？”）和场景联想（“如果解决了这个问题，您团队的工作流程会有哪些变化？”），精准定位客户隐性需求。

案例：B2B 销售中，先询问客户现有系统的痛点，再引导其想象解决方案带来的效率提升，最后用数据对比强化需求紧迫性。

2.【价值具象化】——“故事 + 数据”穿透理性防御

技巧：用 FAB 法则（特性→优势→利益）时，嵌入客户成功案例的故事（如“某企业使用后 3 个月业绩增长 40%”），并搭配可视化数据（如图表、对比视频），让抽象价值可感知。

进阶：针对价格敏感客户，采用“成本拆分法”（如“每天仅需 3 元，避免 ×× 风险”），降低决策心理门槛。

3.【信任杠杆】——构建“非推销式”关系网

实施方式如下。

权威背书：展示行业认证、专家推荐或媒体报道。

社交证据：实时滚动用户好评（如“刚成交的第 832 位客户反馈……”）。

风险逆转：提供无理由退换、效果对赌协议，消除客户顾虑。

心理战术：模仿客户语言节奏，适度自我暴露弱点（“我们的产品在 ×× 场景下可能不如 A 品牌，但……”），增强真实感。

4.【行动催化剂】——“双引擎紧迫感”制造

组合策略如下。

时间引擎：限时折扣（如倒计时显示）+ 早鸟特权（如前 100 名赠服务）。

稀缺引擎：动态库存提示（如“仅剩 2 席名额”）+ 群体效应（如“同区域 50 家企业已采购”）。

话术设计：用损失规避心理强调（如“错过这次，您需要多付出3个月试错成本”）。

实战应用提示如下。

场景适配：B2C 侧重情感驱动（如紧迫感），B2B 侧重逻辑验证（如ROI测算）。

数字工具：结合客户关系管理（Customer Relationship Management，CRM）数据预测客户需求周期，在最佳时机推送个性化策略。

迭代测试：A/B 测试不同话术版本，根据转化率持续优化。

这些策略将理性说服与感性推动结合，形成闭环销售链路，既能快速破冰，又能建立长期客户关系。

提示词②：请具体介绍一下策略 1。

DeepSeek 生成内容如下所示：

好的，下面具体展开策略1的细节，用实际场景和话术让你彻底掌握“需求深挖术”。

策略 1：需求深挖术 ——用“黄金三问”挖出客户自己都说不清的需求。

核心逻辑：70% 的客户无法精准描述需求，他们只会说“想要更快的系统”，但说不清“快”的定义。需求深挖就是通过提问，把模糊的诉求翻译成可量化的痛点，甚至创造客户原本没意识到的需求。

一、“黄金三问”的实战步骤

1. 第一问：开放式提问 ——撕开需求缺口。

目的：让客户主动暴露问题，而非被动接受推销。

话术模板如下。

对 B 端客户：“您团队现在用 ×× 系统 / 工具时，最影响效率的环节是什么？”

对 C 端客户：“您之前遇到过 ×× 问题吗？当时是怎么解决的？”

关键技巧如下。

沉默施压：提问后停顿 3 秒，客户会因沉默尴尬而补充细节。

细节追问：当客户说“操作麻烦”时，立刻追问：“具体是哪个步骤让您觉得麻烦？比如是需要重复输入数据，还是界面混乱？”

案例如下。

某企业采购软件时，销售问：“您现在用的 CRM 系统，销售团队抱怨最多的是什么？”客户回答：“信息更新不及时。”销售立刻追问：“比如是否出现过客户已签单，但系统还显示‘跟进中’，导致重复推销？”客户点头后，需求从“系统慢”被精准定位到“数据同步延迟”。

2. 第二问：封闭式确认 ——锁定核心痛点。

目的：把从开放式问题中发现的模糊痛点，转化为可解决的明确需求。

话术模板如下。

“所以您最需要的是解决 ×× 问题，对吗？”

“如果现在有一款产品能 3 秒同步数据，您是否愿意尝试？”

心理学原理：

利用“一致性偏见”——客户一旦公开承认某问题重要，后续会更倾向购买相关解决方案。

案例如下。

当客户提到“员工培训成本高”时，销售问：“也就是说，如果能有一套新人 3 天就能上手的系统，能帮您节省至少 50% 的培训时间，这对您目前很重要是吗？”客户通常会确认，此时销售再推荐产品的一键操作功能，匹配度几乎可直接翻倍。

3. 第三问：场景联想 ——让需求“痛到必须行动”。

目的：引导客户想象问题不解决的后果和解决后的收益，激发行动欲。

话术模板如下。

损失提醒：“如果这个问题拖到下半年，按您现在每月损失 ×× 元计算，半年会多浪费 ×× 万元，您能接受吗？”

收益刺激：“假如现在解决这个问题，您估计团队效率能提升多少？比如每天多跟进 10 个客户，一个月可能多签 5 单？”

进阶技巧如下。

具象化：对成本敏感的客户，用手机计算器当场算损失金额。

角色代入：对决策者说“您的竞争对手如果先解决了这个问题，会不会对您造成压力？”。

案例如下。

某销售发现客户库存管理混乱后，先算了一笔账：“按您现在每月 10% 的货品过期报废率，一年至少损失 27 万元。如果换成我们的智能库存系统，报废率能降到 2%，相当于每年多赚 22 万元 ——这比系统本身的价格（5 万元）划算 4 倍多。”客户当场要求签合同。

二、避坑指南：客户不配合时怎么办？

场景 1：客户敷衍回答“都还行”。

破解话术：“很多客户一开始也这么说，但他们后来发现，使用我们的产品后，×× 环节的效率提升了 30%——您对这类改进有兴趣吗？”（用第三方案例破防）

场景 2：客户回答“你直接说价格”。

应对策略：“价格当然重要，但选错方案的成本可能比产品贵 10 倍。比如之前某客户为了省钱选了 ××，结果 3 个月后多花了 ×× 万元补救……您希望我先帮您分析哪种方案最适合，还是直接报价？”（转移焦点 + 恐惧施压）

三、升级工具箱：需求深挖的 3 个神器

痛点金字塔：

把客户提到的表层问题（如“系统慢”）拆解成底层影响（员工加班→离职率上升→招聘成本增加）。

话术：“这个问题其实会引发连锁反应，比如……”

对比画像：

展示客户现状（痛点未解决）与理想状态（使用产品后）的对比表，视觉刺激决策。

行业数据锚点：

引用行业报告，如“95% 的客户在解决 ×× 问题后，3 个月内收回了成本。”（用权威数据消除怀疑）

总结：需求深挖不是盘问客户，而是用提问当镜子，让客户看清自己的困境。就像医生问诊——病人只说“肚子疼”，好医生会通过一系列问题找到病因，再开药方。掌握黄金三问，你就能成为销售中的“诊断专家”。

提示词③：现在我有一款轻薄商务笔记本电脑，请你结合策略 1 的技巧要点，为我设计一套向客户推销的话术。

DeepSeek 生成内容如下所示：

基于策略 1（需求深挖术）的轻薄商务笔记本电脑销售话术设计

目标：通过“黄金三问”挖掘商务人士的隐性需求，将笔记本电脑的轻薄特性转化为不可拒绝的解决方案。

一、开放式提问——撕开需求缺口

场景：客户进店浏览笔记本电脑，销售员上前互动。

话术设计如下。

破冰提问：

“先生 / 女士，看您一直在关注轻薄款电脑，请问您现在用的笔记本电脑主要用来处理哪些工作呢？（先建立沟通切入点）”

痛点挖掘：

（若客户回答“出差办公”）

“很多商务客户都提到，出差时背着电脑赶高铁、飞机特别累——您现在用的电脑重量大概是多少？长时间携带会不会觉得肩膀酸痛？（关联真实场景，引发共鸣）”

（若客户回答“日常办公”）

“您开会或见客户时需要频繁开合电脑吧？现在的电脑单手能打开吗？比如临时演示方案时会不会手忙脚乱？（聚焦细节痛点）”

沉默施压 + 细节追问：

（客户回答后停顿 2 秒，身体微微前倾）

“您刚提到电脑有点重，具体是什么场景下最让您困扰？比如过机场安检反复取放，或长时间背着通勤？（引导客户具象化痛苦）”

二、封闭式确认——锁定核心痛点

根据客户回答选择对应话术：

（针对“重量”痛点）

“所以您最希望下一台电脑能轻到单手拿起就走，同时性能不缩水，对吗？（将‘轻’与‘性能’绑定，避免客户只比参数）”

（针对“续航”痛点）

“如果有一台电脑能在飞机上连续工作 5 小时不插电，落地后还能剩余 30% 电量应对紧急会议，这对您来说是不是刚需？（用具体场景量化价值）”

（针对“可靠性”痛点）

“听说您上次因为电脑突然死机丢了文件？如果新电脑能通过军标抗震认证，且配备应急电量保护数据安全，您会优先考虑吗？（用技术参数强化信任）”

三、场景联想——制造行动紧迫性

根据客户身份设计刺激点：

（针对高频出差者）

“想象一下，下次出差时您的行李减重 400 克（举起笔记本），相当于少带两罐可乐，但能多装一套备用西装——而且登机前不用匆忙找充电口，全程会议不断电。这种体验您觉得值多少钱？”

（针对会议主导者）

“假如客户突然要求您现场修改方案，您现在的电脑如果卡顿或没电，可能损失一个百万级订单。而这台电脑的 12 代 i7 处理器和 90Wh 电池，能保证您在任何场合都流畅输出专业形象。（恐惧诉求 + 解决方案）”

（成本对比刺激）

（掏出计算器）

“您现在的电脑一年因维修、续航不足外接电源等隐性成本，至少多花 2000 元。而这款笔记本电脑 3 年上门保修 + 长续航设计，实际日均成本不到 3 元——但帮您节省的时间和商机价值可能是它的 100 倍。”

四、客户常见异议破解

异议：“其他品牌也有轻薄本，为什么选你们？”

回应：

“确实很多品牌都做轻薄，但关键看细节能否匹配您的真实需求。比如您常出差，我们的电脑不仅轻，还通过 MIL-STD-810H 军标认证（递上测试报告）——上次一位客户反馈，他的电脑从会议桌摔到地上，捡起来照样运行，数据毫发无损。”

异议：“我再对比一下价格。”

回应：

“理解您要比价，但我们的这款电脑接口丰富，避免了您携带外接设备的麻烦，反而减轻了您的负担……”

五、终极促单话术

组合“损失规避 + 稀缺性”：

“您现在下单可享 3 年免费上门维修（指向促销海报），但今天只剩 2 个名额了。很多客户反馈，光是这项服务就值回票价——上周一位投资人就是因为这个服务，在机场电脑出现故障后 2 小时修好，保住了第二天 200 万的谈判。”

话术设计要点总结如下。

需求引导：用谈话挖掘客户内心需求。

痛点绑定技术：把“军标认证”翻译成“摔不坏的安全感”。

场景颗粒度：用“赶飞机 / 临时改方案”等高频场景触发共鸣。

对比可视化：用维修成本计算表等工具辅助说服。

通过这套话术，客户不仅会关注产品参数，更能感知到它对自己工作生活的真实改变，从而从“随便看看”转向“必须拥有”。

更多追问如下所示。

你的这则话术用语太书面，请修改成更口语化、更亲切的版本。

请分别面向学生、25 ～ 30 岁职场女性和 40 岁商务男性改写 3 个版本的话术。

将以上话术修改为短视频的口播脚本，并用表格的形式呈现。

4 应用案例：DeepSeek 辅助新媒体写作

新媒体写作指的是利用新媒体平台（包括博客、微博、微信公众号、知乎、小红书等）进行的创作活动。它要求作者具备快速适应新媒体特点的能力，以吸引读者和满足读者的阅读需求。

进入互联网时代，新媒体写作的需求量大增。撰写优秀的文章也成为新媒体运营人员的普遍追求。下面将逐步分析如何利用 DeepSeek 完成新媒体文章的写作。

场景如下。

请你以“如何紧跟 AI 时代”为主题写一篇公众号文章，要求行文流畅，通俗易懂。

1. 分析应用场景和细节要求

不难看到，上述场景要求撰写一篇校园微信公众号文章，主题为“如何紧跟 AI 时代”，面向的群体是大学生。另外，撰写时还需考虑微信公众号文章的内容一般较为通俗化、口语化，容易理解和接受。

除此之外，一篇完整的微信公众号的文章往往较长，目前 DeepSeek 很难一次性完成全部内容。因此，可以将写作任务拆分为几个步骤，通过设计多个提示词与连续对话完成写作。

2. 设计并完善提示词，获得标题与大纲

在设计并完善提示词时，用户要遵循结构清晰、重点突出、语言简练、易于理解、善用技巧的原则。对于案例中的微信公众号文章的写作要求，下面的提示词点明了其应用需求和具体细节要点。

提示词：假设你是一位优秀的新媒体写作者，请你为一篇校园微信公众号文章撰写 5 则标题，具体要求如下。

1. 这篇微信公众号文章的主题是：技术的发展引起时代的变革，AIGC 技术取得的成果让人们刮目相看，人们也意识到 AI 时代即将来临。面对新时代的浪潮，我们需要做些什么才能紧跟时代？

2. 文章的受众：大学生群体。

3. 标题风格：有趣、有悬念、具有吸引力。

4. 字数：每个标题不超过 20 字。

DeepSeek 生成内容如下所示：

1. AI 时代来袭，你准备好了吗？

2. AIGC 震撼登场，大学生如何不掉队？

3. 技术革命浪潮下，你的未来在哪里？

4. AI 改变世界，你该如何改变自己？

5. AIGC 崛起，大学生如何抢占先机？

除了生成标题，在这则提示词的基础上进行修改，DeepSeek 还能快速生成这篇微信公众号文章的大纲。

提示词：假设你是一位优秀的新媒体写作者，请你为一篇校园微信公众号文章撰写一份大纲，具体要求如下：

1. 这篇公众号文章的主题是：技术的发展引起时代的变革，AIGC 技术取得的成果让人们刮目相看，也让人们意识到 AI 时代即将来临。面对新时代的浪潮，我们需要做什么才能紧跟时代?

2. 文章的受众：大学生群体。

3. 大纲风格：有趣、有悬念、具有吸引力、简单易读。

4. 大纲数量：不少于 3 个大纲标题。

DeepSeek 生成内容如下所示：

《AI 时代生存指南：大学生如何成为“进化体”而非“淘汰品”》

一、你还在用 ChatGPT 写情书？ AI 已经攻陷这些领域！

悬念开场：展示 AI 创作的校园新闻稿 / 毕业设计 / 社团招新海报（附对比图）。

趣味案例：食堂阿姨用 AI 预测菜品销量，学霸用 AI 写论文致谢“翻车”现场。

数据冲击：2024 年 AI 相关岗位需求暴涨超 300%，67% 的雇主更看重“人机协作能力”。

二、你的专业正在被 AI 重新定义！这些技能比绩点更重要

专业生存测试：金融 / 设计 / 新闻等专业学生如何与 AI 共舞。

未来职场新物种：揭秘“AI 驯兽师”“数字策展人”等 10 个新兴岗位。

黑科技彩蛋：扫码测试你的专业 AI 替代指数（互动 H5 植入）。

三、成为 AI 时代的“双栖人类”：3 个让你脱颖而出的秘密武器

认知升级：培养“元能力”（批判思维 / 跨学科迁移 / 情感共鸣）。

工具革命：大学生必备的 5 款 AI 神器（附校园版免费使用攻略）。

行动方案：建立个人 AI 智库 / 打造数字作品集 / 参与校园 AI 实验室。

🎯 结尾彩蛋：【限时挑战】用 AI 创作你的“未来简历”

（引导关注公众号回复关键词获取教学模板）

3. 反馈追问，完成正文

依托理解上下文的功能，用户可以通过追问命令 DeepSeek 扩写大纲内容，完成一篇完整的微信公众号文章。

提示词：请你根据刚刚生成的大纲，完成“一、你还在用 ChatGPT 写情书？AI 已经攻陷这些领域！”的正文内容，不少于 500 字。

DeepSeek 生成内容如下所示：

【你还在用 ChatGPT 写情书？AI 已经攻陷这些领域！】

——校园里的 AI 暗战，比你想象的更刺激

“震惊！这篇推文竟然由 AI 生成？”

当你点开这条标题时，我们的校园新媒体部正在上演现实版《楚门的世界》。上周五的“十佳歌手”战报、昨天刷屏的毕业季混剪视频，甚至你现在看到的这句话——都出自一个叫“智媒小助手”的 AI 程序。不信？滑动查看人类编辑与 AI 生成的推文对比图（附 9 宫格对比图），猜猜哪篇是“机器人作品”？

你以为 AI 还停留在代写情书的初级阶段？食堂张阿姨用 AI 预测菜品销量，精准到让“手抖症”消失；美院学霸用 AI 辅助完成毕业设计，效率翻倍；最绝的是学生会用 AI 策划迎新活动，方案里竟然出现了“元宇宙烧烤摊”和“VR 螺蛳粉品鉴会”……

LinkedIn 最新数据：2024 年 AI 岗位暴涨 317%，67% 的雇主将“人机协作能力”列为校招核心指标。

仍在用 ChatGPT 写情书的大学生，却不知道 AI 正在重构他们的未来。

【场景一】图书馆惊魂夜：当卷王遇上 AI

计算机系小王训练的 AI 模型在课程设计答辩时突然开麦：“老师，这个问题建议您咨询我的开发者。”（现场社死指数★★★★★）

【场景二】食堂阿姨的逆袭

3 号窗口的张阿姨最近化身“预言家”，她的 AI 销量预测系统让土豆烧牛肉不再“限量供应”。更可怕的是，这个系统还能通过剩菜数据分析出：周三下午体测后，碳酸饮料需求量会暴增 200%！（同学心想：原来连我喝水都在 AI 的算计中！）

【场景三】选课系统的“读心术”

新版选课系统接入了 AI 推荐算法后，开始精准狙击你的小心思：

· 给常点外卖的同学推送“美食地理学”；

· 为“熬夜冠军”匹配“睡眠神经科学”；

· 替单身人士锁定“亲密关系心理学”；

（同学吐槽：这系统比我妈还懂我！）

> 当 AI 开始撰写我们的校园故事、策划我们的社团活动，甚至预测我们的行为模式时，一个细思极恐的问题浮出水面：
>
> 我们是在使用 AI，还是正在成为 AI 的数据养料？
>
> 【扫码开启】你的专业 AI 替代指数测试（植入互动 H5 链接）
>
> 输入你的专业 + 技能树，立即获取：
>
> · 专属 AI 竞争力雷达图；
>
> · 隐藏版“人机合作”技能包；
>
> · 校园 AI 应用红黑榜（内含教授们都在用的查重神器）。
>
> 但这只是 AI 时代的冰山一角，当你的专业正在被重新定义，当“AI 驯兽师”成为热门职业，明天的推送将揭秘——那些比绩点更重要的生存技能，正在悄悄改写校园规则……
>
> 所以，当你还在纠结“AI 生成的情书够不够甜”时，聪明的人早已开始思考如何让 AI 成为自己的“外挂大脑”，而不是替代品。
>
> 话题互动：分享你经历过的“AI 翻车现场”，点赞前 3 名将获得【校园 AI 工具包】。
>
> 悄悄告诉你：关注后回复“AI 逆袭”，可解锁用 AI 提供高数解题步骤思路的隐藏技能！

DeepSeek 能够在数十秒的时间内生成以上内容，也能对修改的命令快速做出反应。

如果对内容不满意，可通过追问或补充更多信息来优化。

追问提示词示例如下。

> 这段文字口吻太正式，请修改得更加轻松有趣。
>
> 请在这段文字的开头加入 3 则真实案例，使人直观感受到 AI 的重要性。
>
> 请将“但这只是 AI 时代的冰山一角……”这一段扩写至 300 字。

Part 3

DeepSeek 与图表类 AI 工具结合实操技巧

图表是一种直观展现数据、解析规律、传达复杂信息不可或缺的媒介。在 AI 大发展的背景下，图表制作与分析领域也正迎来一场革命性的发展。Part 3 将聚焦于 DeepSeek 及部分已接入 DeepSeek 的图表类 AI 工具的实操技巧，探讨如何借助这类工具高效制作、解读各类可视化图表。借助 DeepSeek，生成图表不再是烦琐的过程。通过简单的指令或预设模板，这些工具可很快满足不同场景下的可视化展示需求。

1 图表类 AI 工具介绍

图表类 AI 工具作为能够自动绘制和呈现数据图表的智能助手，已成为数据分析与可视化领域不可或缺的重要工具。它们不仅能够快速将内容转化为直观易懂的图表形式，还具备强大的定制功能和智能分析能力，能帮助用户更高效地理解和利用数据。下面将详细介绍几款主流的已接入 DeepSeek 的图表类 AI 工具，帮助读者更全面地了解它们的特点和应用场景。

WPS Office 与 DeepSeek

WPS Office 是一款功能强大的办公软件，其 AI 图表功能可以通过智能分析数据自动推荐最优图表类型（如柱状图、折线图等），并支持一键生成及动态更新，结合丰富的自定义选项（颜色、标签等）快速制作专业图表。此外，WPS 365 教育版已接入 DeepSeek-R1 大模型，用户激活专属账号即可启用“WPS 灵犀”AI 助手，实现数据智能分析、自动生成可视化图表及多场景 AI 办公支持（如 PPT 生成、文档优化等），显著提升学习和工作效率。WPS Office 图标如图 3-1 所示。

图 3-1 WPS Office 图标

飞书多维表格与 DeepSeek

飞书多维表格是飞书推出的一款智能在线表格工具，其核心功能涵盖数据分析、协作编辑、实时更新等，支持复杂数据处理与团队协作。随着 AI 技术的引入，其功能进一步升级，尤其在接入 DeepSeek-R1 模型后，实现了智能化操作的显著突破。飞书图标如图 3-2 所示。

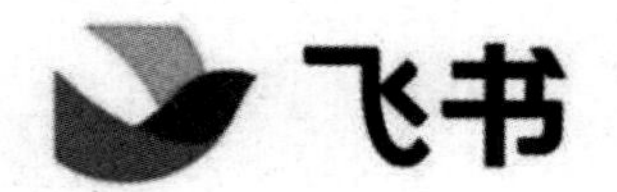

图 3-2　飞书图标

▌其他图表类 AI 工具

图表类 AI 工具非常丰富，功能也各有侧重，常见的其他已接入 DeepSeek 或可与 DeepSeek 配合使用的图表类 AI 工具如表 3-1 所示。

表 3-1　常见的其他已接入 DeepSeek 或可与 DeepSeek 配合使用的图表类 AI 工具

工具名称	功能简介
draw.io	可与 DeepSeek 协同实现图表自动化，用户通过 DeepSeek 生成 Mermaid 代码后，可在 draw.io 中一键渲染为可编辑的矢量图
Mermaid 在线编辑器	用户粘贴代码后可实时预览图表效果，支持导出 PNG、SVG 等格式，尤其适合快速生成技术文档中的交互图或系统架构图
Office AI 助手插件	通过应用程序接口（Application Program Interface，API）将 DeepSeek 接入 Excel，实现本地化部署，用户可调用自然语言指令完成数据透视、动态图表生成，并支持与 Power BI 等工具联动

要想掌握这些图表类 AI 工具，首先需了解其功能，明白它们能做到什么、解决什么。通过了解功能，可以确定工具的应用场景。

2 图表类 AI 工具的应用场景

前文已经介绍了多款图表类 AI 工具及其功能，它们不仅能提升图表制作的效率，也能丰富内容的视觉呈现方式。接下来将进一步探讨这些图表类 AI 工具的应用场景。

DeepSeek 生成表格

表格是数据处理和信息展示的关键工具，其重要性不言而喻。无论是企业管理、财务分析还是科研数据整理，表格都发挥着至关重要的作用。而图表类 AI 工具在 Excel 等表格领域的应用，极大地提升了内容整理的效率。

在制作与处理 Excel 表格时，DeepSeek 及接入 DeepSeek 的图表类 AI 工具能在许多方面起到作用，如表 3-2 所示。

表 3-2 DeepSeek 及接入 DeepSeek 的图表类 AI 工具的应用场景

场景	描述
根据内容生成表格	用户可通过口头指令或文字输入向 AI 工具描述数据结构或内容概要，由其理解这些指示并据之自动生成表格
根据表格生成图	图表类 AI 工具可根据表格数据内容，自动生成不同类型的图表，如饼图、条形图、折线图等
自动生成公式	在面对复杂的数据计算或逻辑关系时，图表类 AI 工具可智能识别表格中的数据模式，并根据用户的需求自动插入恰当的 Excel 公式
快速处理表格	图表类 AI 工具可以帮助用户快速完成大量烦琐的数据清洗和格式化任务。如批量修改单元格格式、清理无效数据、统一格式、进行智能填充以解决诸如时间序列、序列编号等问题
快速统计	快速汇总数据，执行复杂的条件统计分析。例如用户可以请求图表类 AI 工具对特定列按照多种条件分类计数、计算百分比、生成交叉表等
数据问答	用户可就表格内容与图表类 AI 工具聊天，快速获得所需信息

这些由 DeepSeek 及接入 DeepSeek 的图表类 AI 工具处理数据与表格的应用场景，都只需用户提供简单的文字提示词来操作。下面的案例展示了用 AI 工具根据一组数据快速生成表格的过程。

图 3-3 所示为利用已接入 DeepSeek 的 WPS 灵犀将一组数据快速生成表格的结果。

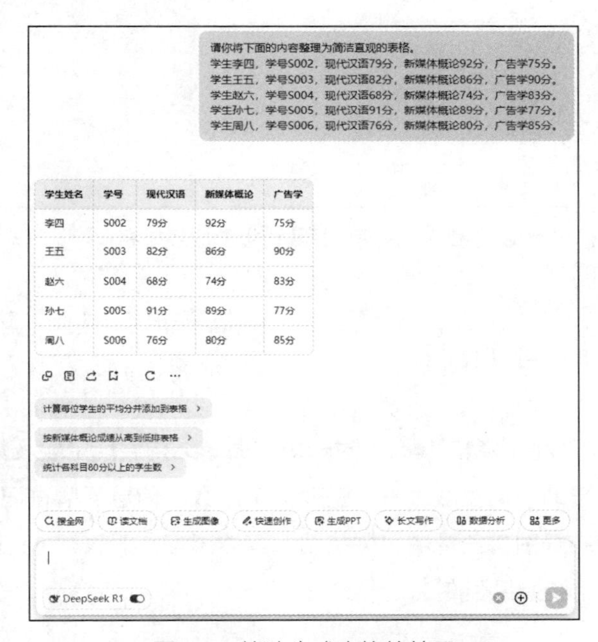

学生姓名	学号	现代汉语	新媒体概论	广告学
李四	S002	79分	92分	75分
王五	S003	82分	86分	90分
赵六	S004	68分	74分	83分
孙七	S005	91分	89分	77分
周八	S006	76分	80分	85分

图 3-3　快速生成表格的结果

包括 DeepSeek 在内，大多数图表类 AI 工具都支持间接或直接生成表格，用户只需在提示词中明确指令“请你以表格的形式……”等。下面的提示词示例都能让 AI 工具生成表格。

> 我想成为一名程序员，请你用表格的形式为我整理这个职业所需要的能力与素养。
>
> 请你将“马斯洛需求层次理论”整理为简单直观的表格。
>
> 请你为我制订一份大学生日常作息表，用表格的形式呈现。

除了根据文本内容快速生成图表，一些图表类 AI 工具还支持对图表数据进行计算与处理。图 3-4 所示为利用 WPS AI 快速计算某班级的成绩排名的示例。

C2 =RANK($B$2, $B$2:$B$8)

姓名	学习成绩	名次
王立新	78	5
董丽霞	98	1
张睿	94	2
杨一凡	76	6
顾昊	90	3
刘洁	70	7
宁远城	89	4

WPS AI

通过公式计算学习成绩，排名填充到对应的行

帮你做好了，请检查。

图 3-4　快速计算某班级的成绩排名

DeepSeek 生成可视化图

图是一种可视化思维工具，通过形象的图形结构展现主题及其相关概念间的层级关系，帮助人们发散思考、整理文字或数字信息、增进记忆与理解力。常见的图有思维导图、鱼骨图、树状图、雷达图等。图表类 AI 工具生成可视化图的常见应用场景见表 3-3。

表 3-3　图表类 AI 工具生成可视化图的常见应用场景

类型	描述
自动生成图	用户输入文字等信息，图表类 AI 工具能够智能识别关键词、主题和子主题，自动生成相应的图
快速编辑与优化	在创建和编辑过程中，图表类 AI 工具能够辅助调整图的逻辑性与美观度
图表数据与图的转化	将表格转化为图，实现高效的数据分析与图像可视化

图 3-5 所示为利用 DeepSeek 生成 Mermaid 语言，再通过在线图表工具生成思维导图的过程。

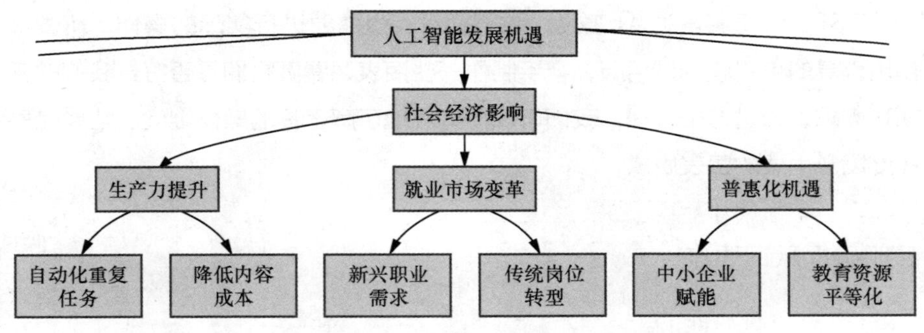

图 3-5 利用 DeepSeek 结合在线图表工具生成思维导图

3 DeepSeek 用于图表制作时的提示词设计步骤

因极高的生成效率，DeepSeek 及其他图表类 AI 工具已逐渐成为高效创作可视化内容的重要助手。掌握其使用技巧不仅能大幅节省时间和精力，还能提升信息组织能力。使用图表类 AI 工具同样需要设计准确的提示词，并遵循一定的步骤。

▌找对工具

利用图表类 AI 工具生成内容的第一步便是找对合适的工具。选择最佳图表类 AI 工具需要综合考虑自身需求、工具特点以及实际操作体验等多个方面。只有这样，才能找到适合自己的工具，提升工作效率和图表质量。

目前市面上的能够生成图表内容的工具往往各有所长，因此需要从中进行选择，找到最佳选项。

在这一步，首要原则是匹配自身需求与工具功能，明确使用工具想要传达的信息类型和目的。当遇到某种需求时，可对照图表类 AI 工具的介绍页面，选择具有相应功能的工具。如 WPS AI 就具备处理表格数据的功能，Xmind AI 则尤其擅长制作思维导图。

另外，对于图表类 AI 工具，需要摸索，也需要进行实际的操作。可尝试使用工具的免费版或试用版，亲手制作一些图表，看看它们是否符合我们的预期和需求。通过这个过程，我们可以更直观地了解工具的操作难度、功能完善程度以及生成的图表质量。

■ 明确提示词要点

相比写作类 AI 工具，使用图表类 AI 工具时所需的提示词更为简单、精练。这是因为写作类 AI 工具在生成文本时可能需要详细的故事情节、论述逻辑或者情感基调等复杂提示词，而图表类 AI 工具在处理数据可视化任务时，所需的提示词通常简洁明了。

也正因简洁明了的特点，设计针对图表类 AI 工具的提示词的关键原则便是明确要点、精准概括，即明确使用 AI 工具要达到的目的和生成的内容。下面将通过具体的应用场景详细介绍设计提示词的要点。

1. 数据处理类型

复杂表格的数据处理类型非常多，熟悉这些数据处理类型有助于设计提示词。常见的数据处理类型如表 3-4 所示。

表 3-4 常见数据处理类型

处理类型	描述
数据输入	在单元格中输入文本、数字、日期等信息
数据格式化	设置单元格的字体、颜色、对齐方式等
数据排序	按照某一列或多列的值对数据进行升序或降序排列
数据筛选	使用筛选功能过滤出满足特定条件的数据
查找和替换	在表格中查找特定内容并进行替换
数据合并与拆分	合并多个单元格的内容，或将一个单元格的内容拆分成多个单元格
插入函数	使用 Excel 内置的函数进行计算，如求和、求平均值、求最大值、求最小值等
公式计算	创建自定义公式进行复杂计算
图表创建	根据数据创建各种类型的图表，如柱形图、折线图、饼图等

2. 图表类型

作为可视化领域的重要内容，图表拥有源远流长的发展历史，也衍生出许多细分类型。在设计提示词时，这些图表类型的名称就是提示词的核心要点。

熟悉不同类型的图表适用于何种场景，有助于快速确定要点，从而组织好提示词。常见图表类型如表3-5所示。

表3-5　常见图表类型

类型	介绍	适用场景
柱形图	通过长短不一的垂直或水平柱形表示各类别的数值大小，适合比较不同类别间的数量差异	显示各个类别的相对数量或比例，适用于静态数据对比分析，如产品销售额对比、各地区人口数量对比等
折线图	通过线段连接数据点表示数据随时间或其他连续变量的变化趋势	显示数据（例如股票价格、气温记录等连续数据）变化的趋势或进行相关性分析
饼图	将数据总体分成几个扇区，每个扇区的面积代表其所占总体的比例	表示整体中各部分所占百分比或份额，适用于直观展示组成结构，如市场占有率、调查问卷答案比例等
散点图	通过坐标轴上的点来表示两个变量之间的关系，点的位置由对应的两个值决定	显示两个变量之间是否存在某种趋势或关联关系，常见于回归分析、相关性研究等
面积图	类似折线图，但折线下的区域被填充颜色，强调累计或总量随时间的变化情况	强调数据变化的积累效果，尤其在需要突出显示趋势强度时有用，如资源消耗过程、销售累计额等
雷达图	多个变量围绕中心点辐射出的图形，半径表示变量值大小，形状展现各维度的综合比较	评估和比较多个定量属性的整体表现，特别适用于评价多维度能力或性能，如个人综合素质评价、产品特性对比等
表格	二维数据布局，在行、列交叉处填写数据，用于存储、组织和管理大量数据	数据记录、统计、分类和排序等，几乎适用于所有需要清晰列出具体数值和数据细节的场景
漏斗图	层次型图形，上宽下窄，显示过程中逐步减少的现象	销售转化分析、网站用户行为路径分析、业务流程优化等，用于揭示流程中从一个阶段向下一个阶段流失的情况

续表

类型	介绍	适用场景
鱼骨图	也称因果图或石川图，以主因枝干为中心展开分支，展示问题及其潜在原因	质量管理和问题解决等，帮助识别造成某一结果的各种直接原因和间接原因
思维导图	发散性思维工具，以中央主题为核心向外延伸关键词，形成非线性的信息网络	思维整理、创意发散、项目规划、学习笔记等领域，帮助厘清思路、记忆和创新思考
逻辑图	通过框图形式展示逻辑关系，包含起始、过程和结束节点，以及条件判断和循环等概念	逻辑分析、程序设计、决策流程分析等，清晰描绘事件顺序和逻辑推理路径
树状图	分层结构图，呈现从父节点到子节点的层级关系，反映事物的分类或隶属关系	展示家族谱系、文件目录结构、企业组织架构、分类体系等具有层次特征的信息
组织架构图	描述组织内部部门、职位及上下级关系的图表，常以矩形框和连线构成	企业组织结构、团队成员职责分配、项目管理等，直观展示人员及部门间的汇报关系
时间轴	纵向表示时间序列，横向列出重要事件，用线条或区块标识事件发生时段	历史事件梳理、项目进度安排、人生大事记等，直观呈现事件发生的先后顺序和持续时间

过去制作图表往往需要耗费许多精力，但已接入 DeepSeek 的图表类 AI 工具能帮助用户节省绘制图表的时间。在这种情况下，最重要的便是明确自己需要的图表类型并设计好提示词。

在组织提示词时，务必充分考虑各类图表的术语名称与适用场景，结合自身需求选择合适的图表，为撰写提示词做准备。图表类型直接关系到信息传达的准确性和效率。

匹配需求与图表类型既要考虑数据的性质，也要考虑图表的视觉效果。选择图表类型时，首先要明确自己的需求，如是展示数据的变化趋势，还是比较不同类别间的数量关系。若需展现数据的动态变化过程，折线图或面积图将是理想选择；若要比较不同部分的占比情况，饼图则更为直观。还需考虑图表的适用场景，如在工作报告中展示业绩变化，折线图能清晰反映增长或减少的趋势；而在分析市场份额时，饼图能直观展示各地区的占比情况。

下面的一组案例展示了不同场景下适用的图表。

案例一：某城市近5年各月份空气质量指数变化

适用图表：折线图

解释：此场景下，需要关注的是空气质量指数随时间推移的变化趋势以及可能存在的季节性规律。折线图可以清晰地展示出每个月份空气质量指数的变化情况，通过观察线条的上升、下降、波动，用户可以直观地看出整个时间序列中指数的趋势和周期性特征。

案例二：某电商平台2024年度各类商品销售额占比

适用图表：饼图

解释：此场景表达的是各类商品在总销售额中的相对比例，而不是具体的数值大小。饼图可以有效地将各类商品的销售额可视化，每个"切片"的大小代表相应商品的销售额占比，让人一眼就能看出哪些品类是较畅销的，哪些品类的市场份额较小。

案例三：某地区2019至2025年居民消费支出在食品、住房、交通、教育、医疗5个领域的分布情况

适用图表：柱形图或面积图

解释：这类场景需要同时展示各个领域消费支出的绝对值以及其在总消费支出中的比例。柱形图允许用户看到每个领域的消费支出随年份的具体变化，并且通过颜色区分和层叠的效果，可以直观反映出各个领域的消费支出是如何构成整体消费结构的。面积图则提供了类似的信息，但通过填充区域的方式，还可以直观地展示不同时期各领域的消费支出累积效应。

设计提示词

根据需求明确提示词要点是最为关键，也是最需要深入思考的一步。完成

这一步后便可以开始设计提示词，并最终发送给图表类 AI 工具以生成内容。下面根据图表类 AI 工具的具体功能，介绍如何设计提示词。

1. 生成图表

生成图表内容时，可按照公式完成提示词，公式内容如图 3-6 所示。

图 3-6　生成图表的提示词公式

（1）内容主题

内容主题即图表将展示给观众的主要信息。下面的案例展示了一些图表的内容主题。

> **主题一**
> 人工智能的发展

> **主题二**
> 北京近 5 年各月份空气质量指数变化

> **主题三**
> 张艺谋的电影

内容主题是核心的提示词要点，也是 AI 图表工具生成内容的主要依据。

（2）图表类型

不同的图表类型适用于不同的场合，也会有截然不同的视觉效果。根据内容主题的不同选择相应的图表类型设计，便能完成提示词设计。示例如下。

> **提示词一**
> 生成人工智能的发展的时间轴。

提示词二

生成北京近 5 年各月份空气质量指数变化的折线图。

提示词三

生成张艺谋的电影的树状图。

使用提示词一，WPS 灵犀生成的图表内容如图 3-7 所示。

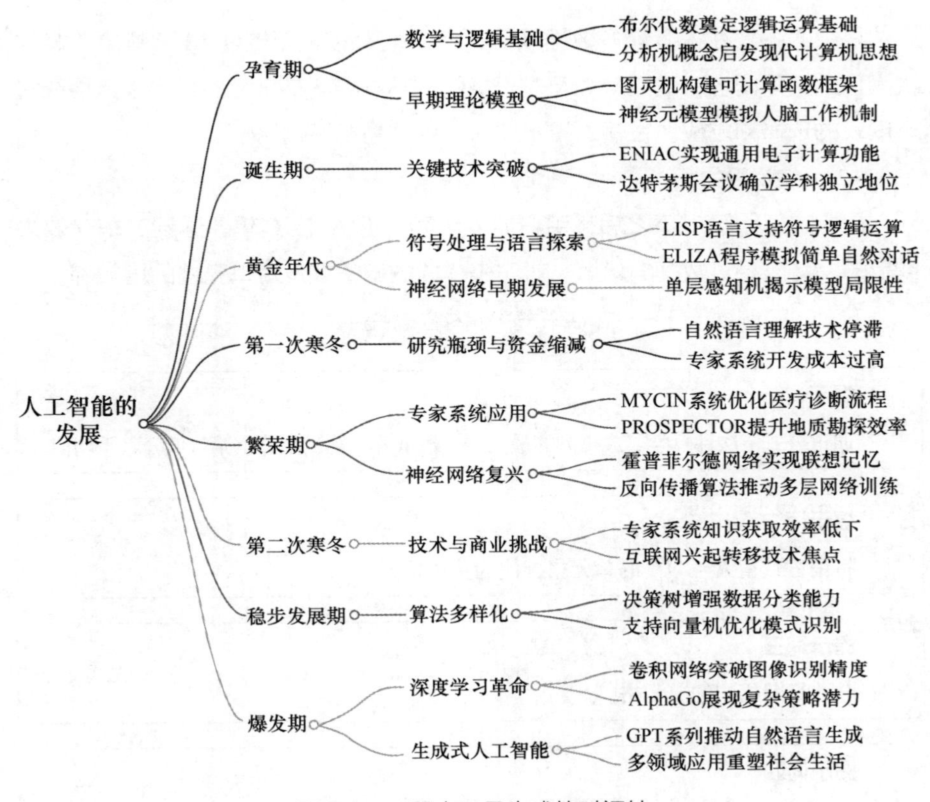

图 3-7　AI 图表工具生成的时间轴

2. 编辑图表

编辑图表指在原有图表的基础上，利用 AI 工具进行高效编辑处理。图表类 AI 工具一般会在表格页面提供提示词输入框。在实际应用时，提示词较为简单，往往需要用一句话准确表明编辑对象与编辑目的。图 3-8 所示为编辑图表的提示词公式。

图 3-8 编辑图表的提示词公式

（1）**编辑对象**

复杂的图表往往有许多数据项目，指定编辑对象即告诉 AI 工具想要修改或操作的具体内容，这通常涉及对表格中的某一列、某一行、特定单元格或整个图表的选择和定位。在输入提示词时，用户需要指明这一点。

（2）**编辑目的**

在指定了编辑对象之后，用户需要明确告诉 AI 工具想要达到的编辑效果或目的，可以是对数据的计算、对图表样式的调整以及对单元格的增减等。

下面的案例展示了一系列编辑表格内容的提示词。

提示词一

通过公式依次计算学习成绩列的最高分、最低分、第二高分、第二低分、平均值。

提示词二

将销售数量大于 500 的单元格标注为黄色背景。

提示词三

合并日期相同的单元格。

提示词四

将奇数标签页标注为红色。

提示词五

统计 2023 年秋季、订货渠道为平台 8 且销售数量大于 300 的订单的数量。

可以看到，这些提示词都指定了编辑的对象，如“学习成绩列”“销售数量大于 500”“日期”等；同时表明了编辑的目的，如“计算最高分”“标注为黄色背景”“合并”等。例如 WPS AI 等图表类 AI 工具会将编辑处理的数据直接反馈在表格内，如图 3-9 所示。

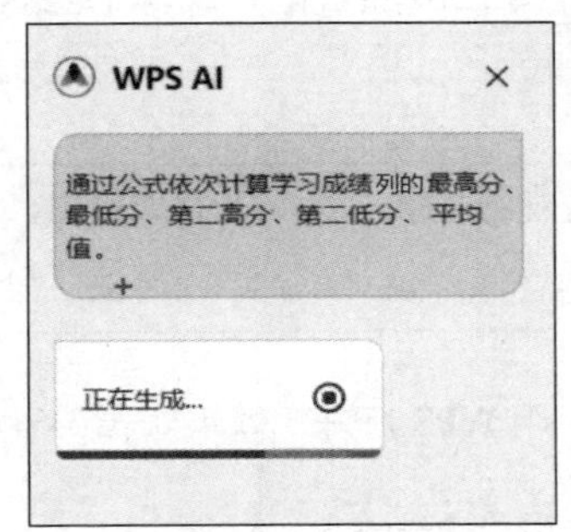

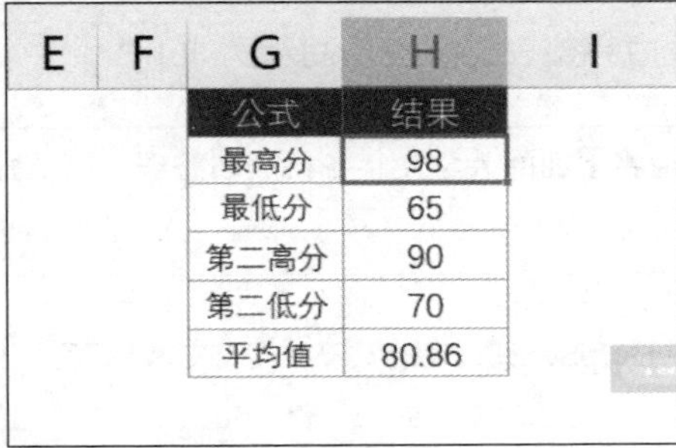

公式	结果
最高分	98
最低分	65
第二高分	90
第二低分	70
平均值	80.86

图 3-9　WPS AI 处理结果

4　应用案例：DeepSeek 制作及分析图表

DeepSeek 辅助分析大学成绩

利用 DeepSeek 及其他图表类 AI 工具可以轻松整理成绩数据，生成各类图表，深入分析各科目成绩趋势与差异。这不仅有助于大学生更好地认识自己的学习状况，还能为未来的学习规划提供有力支持。下面将探讨如何利用图表类 AI 工具完成这一分析。

1. 确定使用工具

对大学 4 年的成绩进行分析时，选择合适的工具是首要步骤。为了分析并生成大学成绩的可视化内容，可以采用 DeepSeek 来生成表格，并以 WPS AI 作为数据处理和分析的工具。

WPS AI 以其强大的数据处理能力和智能分析功能，能够轻松应对复杂的成绩数据整理和分析任务。而 DeepSeek 则因具备出色的自然语言处理能力，能够准确理解需求，并生成符合要求的图表。

2. 生成成绩图表

为了获得一份直观的成绩表，可以将大学 4 年成绩直接发送给 DeepSeek，使其生成完整表格。提示词示例如下。

> 请将下面的大学 4 年各科成绩整理为简洁直观的表格，以 CSV 格式输出。（成绩内容略）

将 DeepSeek 生成的 CSV 格式文本保存后，用 WPS 打开，效果如表 3-6 所示。

表 3-6 DeepSeek 生成大学成绩表格

年级	课程名称	成绩
大一	计算机导论	85
	数学分析	78
	英语	82
	离散数学	80
	程序设计基础	90
大二	数据结构与算法	88
	操作系统原理	84
	计算机网络	82
	线性代数	76
	数据库系统	86
大三	软件工程	89
	计算机组成原理	83
	编译原理	85
	人工智能导论	87
	面向对象程序设计	92

续表

年级	课程名称	成绩
大四	分布式系统	86
	计算机网络安全	89
	算法设计与分析	91
	数据库优化	84

3. 处理表格数据

下一步，我们将利用 WPS AI 的智能处理功能对这份表格数据进行深入分析。首先将上述表格数据整理并导入 WPS 表格中。确保数据的准确性和完整性后就可以开始利用 WPS AI 的功能来处理数据了。以下是部分数据处理的提示词。

（1）数据公式计算

提示词：

计算每个学年成绩的平均分。

根据成绩标记等级。如果成绩大于等于 90，则标记为 1；如果成绩大于等于 85，则标记为 2；如果成绩大于等于 80，则标记为 3；如果成绩小于 80，则标记为 4。

WPS AI 将根据这些提示词自动遍历表格中的成绩数据，自动生成公式，计算出每门课程以及每学年的平均分等数据，帮助用户快速了解学生在各个学习阶段以及不同课程上的整体表现。公式内容如图 3-10 所示。

（2）突出重点内容

提示词：

将每门课程成绩大于 80 分的单元格标红。

WPS AI 能对表格中的成绩数据进行筛选和统计，这将有助于识别学生的优势科目以及需要进一步提升的科目。通过 AI 工具快速美化表格，可以使成绩数据更加清晰直观。AI 工具处理单元格的效果如图 3-11 所示。

年级	课程名称	成绩	等级
大一	计算机导论	85	2
	数学分析	78	4
	英语	82	3
	离散数学	80	3
	程序设计基础	90	1
大二	数据结构与算法	88	2
	操作系统原理	84	3
	计算机网络	82	3
	线性代数	76	4
	数据库系统	86	2
大三	软件工程	89	2
	计算机组成原理	83	3
	编译原理	85	2
	人工智能导论	87	2
	面向对象程序设计	92	1
大四	分布式系统	86	2
	计算机网络安全	89	2
	算法设计与分析	91	1
	数据库优化	84	3

完成 弃用 重新提问

提问：根据成绩标记等级。如果成绩大于等于90，则标记为1；如果成绩大于等于85，则标记为2；如果成绩大于等于80，则标记为3；如果成绩小于80，则标记为4。

=IF(C2>=90,1,IF(C2>=85,2,IF(C2>=80,3,IF(C2<80,4))))

fx 对公式的解释 函数教学视频

AI生成信息仅供参考，请注意甄别信息准确性

图 3-10 图表类 AI 工具生成的公式

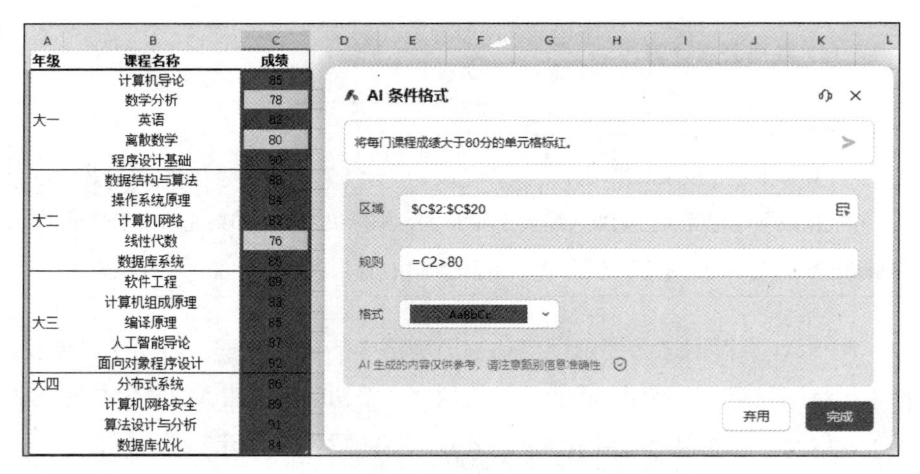

图 3-11 AI 工具处理单元格的效果（部分）

4. 生成可视图表

提示词：

生成每学年平均成绩的条形图。

分析学生成绩在不同分数区间的分布数据，如 60 ～ 70 分、71 ～ 80 分、81 ～ 90 分、90 分以上等，并用图表展示。

利用 WPS AI 的洞悉分析功能，可很快生成类型多样的可视化图表，还可通过提示词指令对表格进行分析。图表类 AI 工具生成的图表如图 3-12 所示。

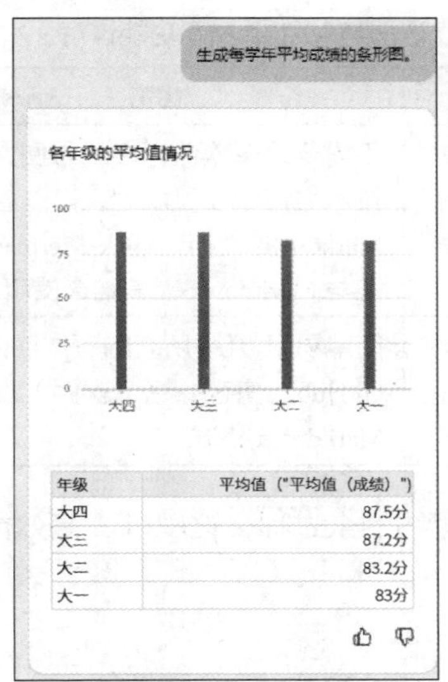

年级	平均值（"平均值（成绩）"）
大四	87.5分
大三	87.2分
大二	83.2分
大一	83分

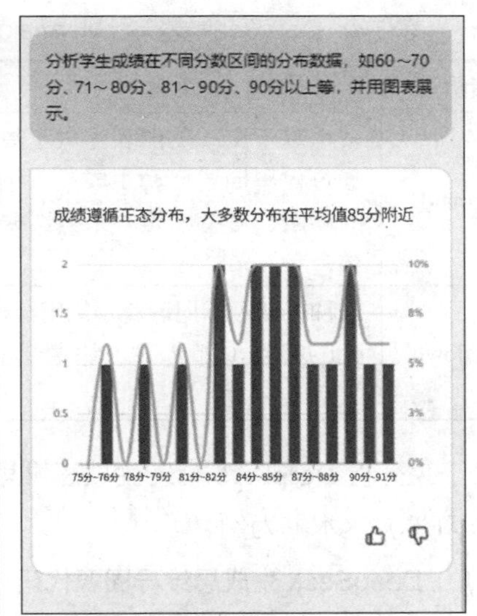

图 3-12　图表类 AI 工具生成的图表

DeepSeek 辅助生成图书思维导图

借助 DeepSeek 的强大功能，用户还可以轻松生成思维导图一类的可视化图表，帮助用户快速掌握内容脉络。通过 Mermaid 语法，DeepSeek 能够绘制出结构清晰、逻辑严谨的图表，将复杂的知识点可视化，提升制表效率。本小节将详细介绍如何利用 DeepSeek 和 Mermaid 语法，以及如何生成高质量的思维导图。

在开始 DeepSeek 辅助生成思维导图的应用解析之前，读者需要对 DeepSeek 生成图表的原理做进一步的了解。

因为 DeepSeek 基于其强大的自然语言处理能力和多模态理解技术，能够将用户输入的文本描述自动转换为结构化的底层代码，例如 Mermaid 语法的图表代码和 Markdown 格式的文本。这一强大功能使其能够高效生成符合用户需求的图表和文档内容，从而提升工作效率并降低图表制作的技术门槛。表3-7所示为DeepSeek支持的Mermaid语法与Markdown功能详解。

表 3-7 DeepSeek 支持的 Mermaid 语法与 Markdown 功能详解

名称	定义	优势
Mermaid	一个基于文本的图表生成工具，通过代码描述自动生成流程图、时序图、甘特图等一系列图表，适合嵌入文档	不需要绘图软件，修改方便，适合技术文档和项目规划，可以直接在 Markdown 文档里插入 Mermaid 图，能与 Markdown 完美结合使用
Markdown	一种轻量级标记语言，使用结构化的符号（如 #、*）快速排版文字	简单易用，几乎所有的写作平台（如 GitHub、博客、笔记软件）都兼容 Markdown 格式

接下来分析 DeepSeek 辅助生成思维导图的全过程，这里以《高效能人士的七个习惯》这本书为例。

（1）DeepSeek 生成思维导图源代码

用户需在 DeepSeek 主页手动开启 DeepSeek-R1 模式，并在 DeepSeek 对话框中输入作者名与书名，DeepSeek 将自动生成对应的 Mermaid 语法代码。提示词示例如下。

> 用 Mermaid 语法绘制一份清晰的图表
> 内容：史蒂芬·柯维所著《高效能人士的七个习惯》

经过 DeepSeek 的系统运算，能通过以下流程逐步生成思维导图源代码。

- 内容解析：自动识别章节层级、知识点关联性与知识体系拓扑结构。
- 逻辑建模：基于图书内容生成树状图、流程图或概念网络等适配的图表类型方案。
- 代码生成：输出符合 Mermaid 标准的语法源码（含节点、连接线与注释）。

利用 DeepSeek 生成图表源代码，会在极大程度上降低人工梳理知识脉络与编程的时间成本，帮助读者快速构建出思维导图。图 3-13 所示为 DeepSeek-R1 模式下的自动分析图书内容示意。

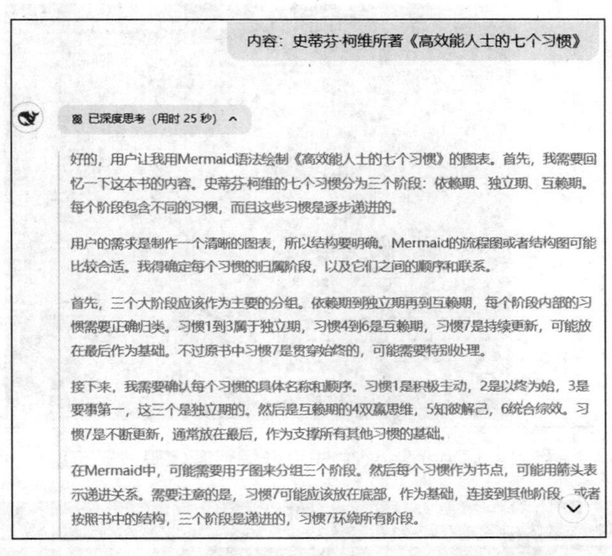

图 3-13　DeepSeek-R1 模式下的自动分析图书内容示意

（2）**校验代码逻辑与语法完整性**

检查生成的代码是否包含以下问题。

- 节点缺失：确认所有章节标题与子知识点均被完整覆盖。
- 语法规范：排查缩进、连接符是否符合 Mermaid 标准。
- 逻辑连贯性：确保父子节点归属正确，分支路径无矛盾。

用户可以通过分段预览或借助 Mermaid 生成工具提前验证效果。图 3-14 所示为 DeepSeek 生成思维导图源代码效果示意。

（3）**渲染并导出可视化思维导图**

在 DeepSeek 生成的源代码右上角单击“复制”按钮，并将校验后的代码粘贴至支持 Mermaid 的工具（如 Mermaid Live、Typora 或其他在线平台）中，这里以 Mermaid Live 官网为例（如图 3-15 所示）。

Mermaid绘制《高效能人士的七个习惯》图表

以下是使用Mermaid语法绘制的《高效能人士的七个习惯》结构化图表，突出柯维提出的三阶段成长模型和习惯间的递进关系：

```mermaid
graph TD
    A["高效能人士的7个习惯"]

    subgraph 依赖期到独立期
        B["习惯1：积极主动<br>（自我意识的选择）"]
        C["习惯2：以终为始<br>（愿景领导）"]
        D["习惯3：要事第一<br>（诚信执行）"]
    end

    subgraph 独立期到互赖期
        E["习惯4：双赢思维<br>（互助互惠）"]
        F["习惯5：知彼解己<br>（同理沟通）"]
        G["习惯6：统合综效<br>（创新合作）"]
    end

    subgraph 持续提升
        H["习惯7：不断更新<br>（自我提升）"]
    end

    A --> 依赖期到独立期
    A --> 独立期到互赖期
    A --> 持续提升

    依赖期到独立期 -->|基础突破| 独立期到互赖期
    H -.->|支撑所有习惯| 依赖期到独立期
    H -.->|支撑所有习惯| 独立期到互赖期
```

图 3-14 DeepSeek 生成思维导图源代码效果示意

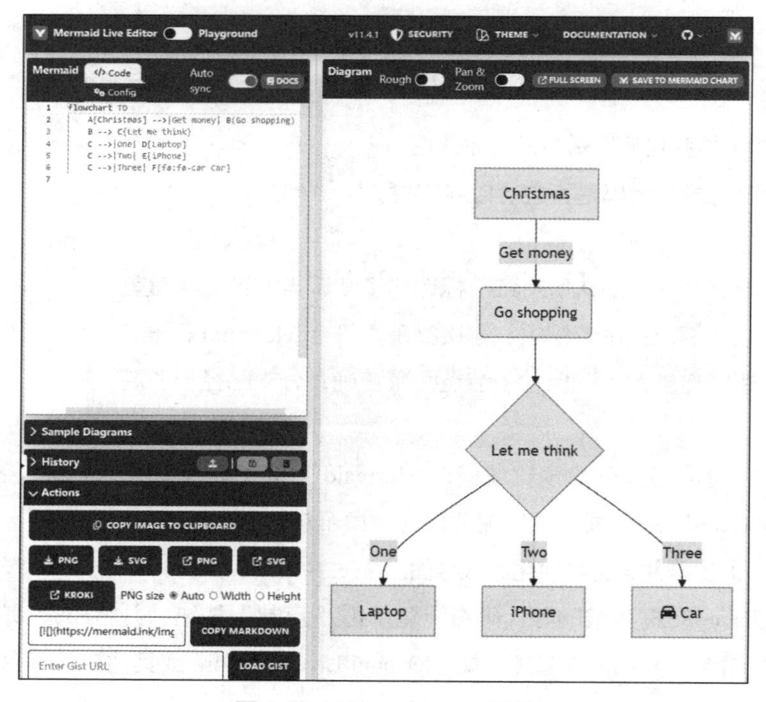

图 3-15 Mermaid Live 官网

将复制的源代码粘贴到 Mermaid Live 官网左侧，Mermaid Live 将在右侧自动生成交互式思维导图。图 3-16 所示为 Mermaid Live 自动生成思维导图示意。

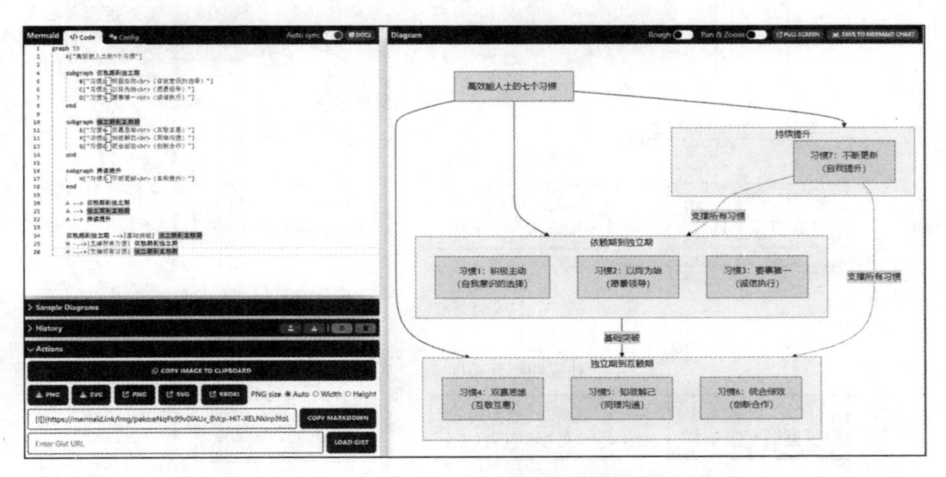

图 3-16　Mermaid Live 自动生成思维导图示意

在 Mermaid Live 官网左侧找到“Actions”功能下拉列表，用户即可选择 PNG、SVG 等多种思维导图呈现格式。图 3-17 所示为在 Mermaid Live 官网下载思维导图示意。

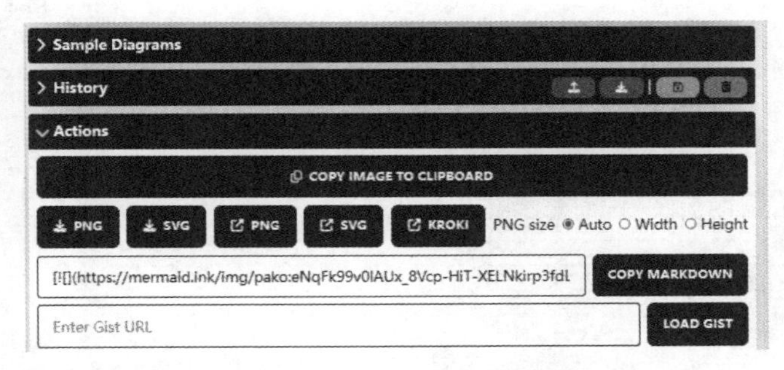

图 3-17　在 Mermaid Live 官网下载思维导图示意

使用 DeepSeek 辅助制作的图书《 高效能人士的七个习惯 》的完整思维导图如图 3-18 所示。

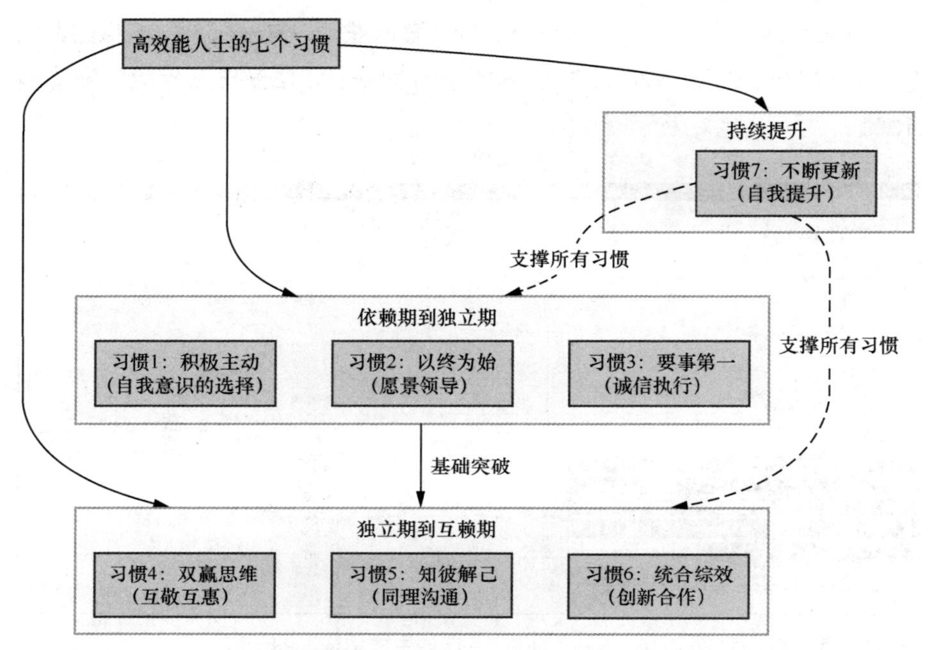

图 3-18　图书《高效能人士的七个习惯》的完整思维导图

Part 4

DeepSeek 与演示文稿类 AI 工具结合实操技巧

演示文稿作为现代信息交流的载体，承载着知识传播、观点阐述、决策呈现等多元使命。以往那些精心构思布局、费时搜寻素材、反复调整细节的烦琐过程，如今在强大的 AI 引擎驱动下得以简化。用户只需清晰表述意图、精准设定风格，借助寥寥关键词，DeepSeek 便能迅速理解，协同各类演示文稿类 AI 工具，瞬间生成契合主题、富于创意且具有专业水准的演示文稿。无论是逻辑严谨的数据报告，还是视觉震撼的故事讲述，抑或是风格独特的品牌宣讲，DeepSeek 赋能的演示文稿类 AI 工具都能以惊人的速度和精度予以实现。

1 演示文稿类 AI 工具介绍

演示文稿是一种用于展示信息的动态文件，通常包含文字、图表、动画等元素，以幻灯片形式呈现，用于教育、商业领域或个人展示等。演示文稿类 AI 工具以先进的算法为核心，集成多种功能，旨在简化制作流程，提升创作效率，助力用户快速打造出专业、精美的作品。下面将介绍几款常见的演示文稿类 AI 工具，以及它们如何与 DeepSeek 协同工作。

AiPPT 与 DeepSeek

AiPPT 是一款典型的演示文稿类 AI 工具，与 DeepSeek 有着独特的协同优势。只需用户在 DeepSeek 中输入 PPT 主题关键词或概述演讲内容，DeepSeek 便能通过对海量信息的分析，在短时间内自动生成 PPT 大纲。用户把大纲以 Markdown 语法或 Word 文档形式上传到 AiPPT，便能获取完整且结构严谨的 PPT，不仅涵盖相关的文字叙述、数据图表，还包含恰当的视觉元素与设计布局，并确保内容与形式的和谐统一。为了满足用户多样化的输入需求，AiPPT 支持多种文档格式的上传，无论是 Word 文档、思维导图文件还是 PDF 报告，都可以作为 AiPPT 生成 PPT 的原始素材。在这一过程中，DeepSeek 能够辅助 AiPPT 更精准地理解文档内涵，提取关键信息，从而生成更贴合需求的 PPT 文稿。

另外，AiPPT 还内建了一个庞大的模板库，拥有超过 10 万套定制级 PPT 模板及丰富的素材资源。这些模板覆盖了各行各业及各类应用场景，用户可根据自身需求快速选取并一键应用，可极大地节省设计时间。AiPPT 同样能满足用户自由灵活的编辑需求，包括调整页面布局、替换形状元素、精细调整字体颜色等，确保最终输出的 PPT 既保留 AI 工具生成的优势，又能融入个人独特的创意与品牌风格。其图标如图 4-1 所示。

图 4-1 AiPPT 的图标

MindShow 与 DeepSeek

MindShow 同样是一款演示文稿类 AI 工具，可以将 Markdown 内容一键转为 PPT。用户只需在 DeepSeek 中输入一段话，概括 PPT 的主题、核心观点或描述 PPT 页面内容，并命令 DeepSeek 用 Markdown 语法输出 PPT 大纲，将大纲发送给 MindShow，便能得到内容连贯、逻辑清晰的 PPT，其中包括但不限于精练的文字叙述、可视化图表以及与主题紧密贴合的图片素材。其图标如图 4-2 所示。

MINDSHOW.AI

图 4-2 MindShow 的图标

其他演示文稿类 AI 工具

演示文稿类 AI 工具不断涌现，各有特点与优劣。表 4-1 所示为除 AiPPT 与 MindShow 之外的其他常见演示文稿类 AI 工具。

表 4-1 其他常见演示文稿类 AI 工具

工具名称	功能简介
WPS AI	集成于 WPS Office 中的 AI 助手，提供生成与编辑 PPT 的功能
iSlide	PPT 插件，提供海量模板、图标、设计工具，可一键优化布局与统一风格，提升制作效率
Presentations.AI	根据输入内容生成完整的 PPT，可以自定义设计，并可轻松实现共享和协作

续表

工具名称	功能简介
闪击 PPT	根据目录大纲快速生成 PPT，支持自动排版。目前只提供简约风格，但有几百套模板可供选择

2 DeepSeek 与演示文稿类 AI 工具结合的应用场景

手动制作一份完整的 PPT，通常需要保证足够的页数，每一页通常需要有标题、正文、图像等内容，因此往往耗时几小时到几天不等。而 DeepSeek 和演示文稿类 AI 工具的出现，让快速生成与处理 PPT 成为可能。

DeepSeek 辅助生成 PPT

AI 技术的核心价值在于其能够从零开始自主生成内容，这一特点在 PPT 领域显得尤为突出。在传统的 PPT 制作流程中，撰写文稿以及设计制作往往需要耗费大量的时间与精力。而借助 DeepSeek，用户仅需提供 PPT 主题，便能够迅速生成高质量的 PPT 大纲，或对用户已有的 PPT 大纲进行完善与优化，还能从用户提供的文档中提炼 PPT 大纲。在此基础上，演示文稿类 AI 工具可根据用户提供的 PPT 大纲，在短时间内自动生成完整且高质量的 PPT。 这不仅大大提高了工作效率，还为用户提供了更多的创意和灵感，无疑为商务人士和教育工作者等广大用户带来了极大的便利。表 4-2 所示为 DeepSeek 辅助演示文稿类 AI 工具生成 PPT 的主要方式。

表 4-2 DeepSeek 辅助演示文稿类 AI 工具生成 PPT 的主要方式

方式	简介
已有大纲生成	用户提供完整的 PPT 大纲，DeepSeek 对大纲进行完善与优化，演示文稿类 AI 工具对 PPT 进行排版设计

续表

方式	简介
无大纲生成	用户不提供任何具体大纲，DeepSeek 仅通过关键词或主题生成 PPT 大纲，演示文稿类 AI 工具生成整套 PPT，注重内容的连贯性和创新性
根据文档或文章生成	用户上传或输入已有的文档或文章，DeepSeek 分析内容并提取关键信息，自动生成对应的 PPT 大纲，保留原文的逻辑结构和要点，演示文稿类 AI 工具对 PPT 进行排版设计

不同的演示文稿类 AI 工具支持的生成方式可能有所不同，用户需要根据自己的需求和工具的功能，借助 DeepSeek 选择合适的方式生成 PPT。图 4-3 所示为 AiPPT 的生成界面，可以看到其支持 AI 智能生成、文档生成 PPT、导入 PPT 生成和链接生成 PPT 这 4 种生成方式。

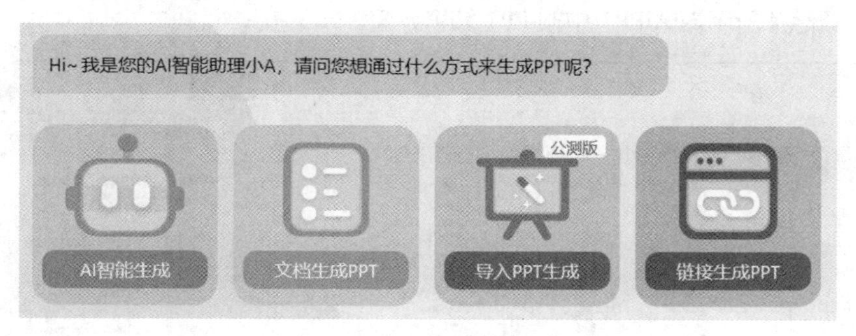

图 4-3　AiPPT 的生成界面

DeepSeek 辅助优化 PPT

DeepSeek 与演示文稿类 AI 工具在 PPT 编辑方面的优势，不仅限于从零开始生成内容，而且在于强大的智能编辑功能。利用这些 AI 工具，用户可以轻松地对已有 PPT 进行智能化修改和优化，包括调整布局、优化配色、改进文字表述等。DeepSeek 辅助演示文稿类 AI 工具编辑 PPT 的主要方式如表 4-3 所示。

表 4-3 DeepSeek 辅助演示文稿类 AI 工具编辑 PPT 的主要方式

方式	描述
快速更换主题	DeepSeek 可以根据 PPT 的主题和大纲，快速判断 PPT 适用的主题风格；演示文稿类 AI 工具可以轻松更换整份 PPT 的主题风格，无须逐页调整，实现整体视觉效果的快速统一
排版与编辑	DeepSeek 可以根据 PPT 的文字内容，提供一些排版建议，如文字和图表的布局、字体大小和颜色的选择等，并生成对应的提示词；演示文稿类 AI 工具可以根据提示词自动调整 PPT 布局，同时提供便捷的编辑工具，使用户能够轻松调整 PPT 细节
扩写与简化内容	DeepSeek 能够对 PPT 的文字内容进行扩写或简化，帮助用户更精确地传达意图
生成演示备注	DeepSeek 能够基于 PPT 内容生成详细的演示备注，为演讲者提供有力支持

图 4-4 所示为 AiPPT 中的 PPT 编辑界面。

图 4-4 AiPPT 中的 PPT 编辑界面

3 DeepSeek 用于演示文稿生成的提示词设计步骤

PPT 主要用于公众演示与宣讲，一份具有演示价值的 PPT 通常包含多个构成要素，这些要素共同协作，可以确保信息的有效传递，最终达到抓住观众注意力的目的。掌握这些要素，便能借助 DeepSeek 与演示文稿类 AI 工具高效生成 PPT。

设计 PPT 主题提示词

主题是整份 PPT 的灵魂，它贯穿始终，是观众理解和记忆演示内容的关键所在。因此，确定主题是生成内容的第一步。

确定清晰、准确且吸引人的主题，是让 PPT 有演示价值的重要前提。一般来讲，确认 PPT 的主题需要综合考虑演示的目的、内容、观众需求以及行业趋势等因素。主题往往也会成为 PPT 的标题，起到为后续的 PPT 制作奠定基础的作用。

借助 AI 工具生成 PPT，首先要确定 PPT 主题提示词，通常需要考量目的、行业、岗位等信息。PPT 主题提示词的构成公式如图 4-5 所示，详细介绍如图 4-6 所示。

图 4-5　PPT 主题提示词的构成公式

目的：目的是指制作PPT的初衷和预期效果。不同的目的需要不同的主题提示词来体现。例如，如果目的是推广新产品，那么主题提示词可能包括“创新”“市场领先”等词语；如果目的是汇报工作进展，那么主题提示词则可能更侧重于“成果”“进展”等词语

行业：不同行业有不同的特点和术语，这些都需要在主题提示词中体现出来。如在医疗行业中，主题提示词可能涉及“健康”“医疗技术”等词语；而在金融行业，则可能更多地使用“投资”“风险”等词语。通过融入行业相关的术语和概念，可以使生成的PPT更具专业性和针对性

岗位：不同岗位的工作内容和职责不同，也会影响到主题提示词的设定。销售岗位的PPT更强调产品的优势和客户需求，而技术岗位的PPT则更注重技术原理和创新点。在设定主题提示词时需要根据岗位特点来选择合适的词语和表达方式

图 4-6　PPT 主题提示词构成公式的详细介绍

图 4-7 所示为 DeepSeek 生成的几种常见的 PPT 主题，可以看到主题中都

包括某种目的、行业或岗位信息。

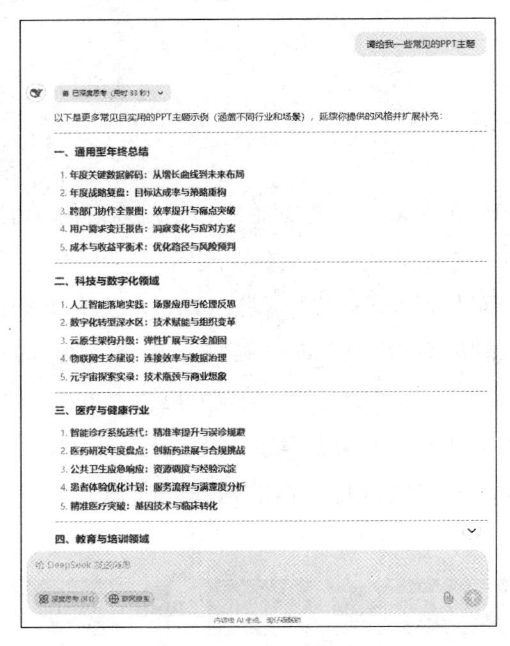

图 4-7 常见的 PPT 主题

■ 编辑大纲内容

PPT 的大纲内容指需要传达给观众的主要信息，起到提纲挈领的作用。虽然 DeepSeek 能够根据主题快速生成 PPT 大纲，但要想使内容更优质、有逻辑，还需要对大纲内容反复打磨，这也就要求用户熟悉 PPT 大纲的构成要素，如表 4-4 所示。

表 4-4 PPT 大纲的构成要素

构成要素	描述	功能与目的
封面	列出 PPT 的标题等信息	帮助观众了解整个演示的主题
目录	提供 PPT 内容的概览，列出各个章节或主要话题及其对应的幻灯片编号	帮助观众了解整个演示的大纲结构

续表

构成要素	描述	功能与目的
章节页	在 PPT 中用于衔接不同主题或章节的内容，可能包含简洁的标题和引言	给观众缓冲时间，同时提示即将进入新的话题或阶段
正文	主要包含文字、图表、视频等信息内容	说明观点，激发情感共鸣
结论 / 总结	概括演示的主要发现、结论或行动建议等，重申关键要点	强调演示的重点，引导观众回顾并记住主要内容
致谢	对参与、协助或听取演示的人表示感谢，可能包含署名和联系方式	表达尊重和感激等，为演示正式收尾

DeepSeek 生成的大纲如图 4-8 所示，用户可以在此基础上进行编辑修改。

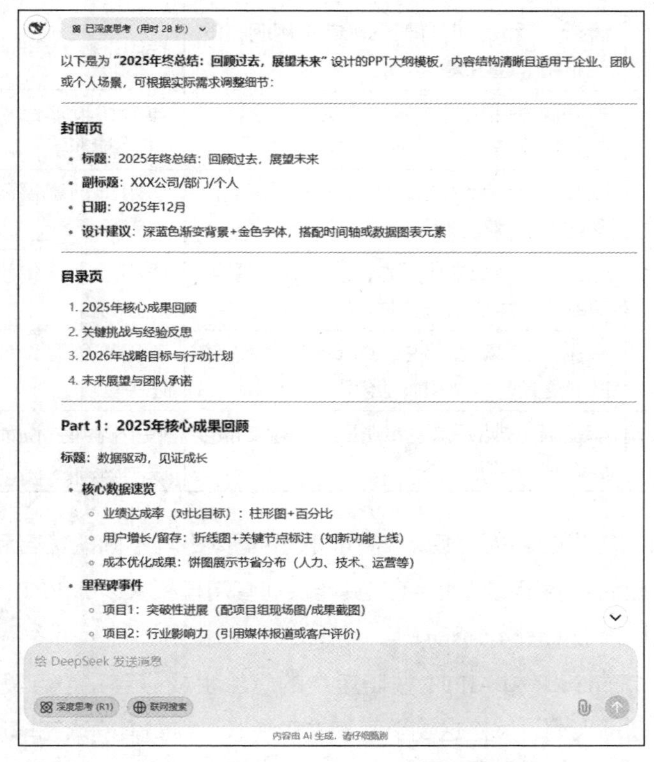

图 4-8　DeepSeek 生成的大纲

确定主题风格

主题风格关乎 PPT 的整体视觉效果。它应体现专业性与一致性，强化品牌形象、演讲氛围等，吸引并保持观众注意力。目前的演示文稿类 AI 工具往往会提供大量主题风格模板供用户选择。正因如此，了解不同 PPT 的主题风格与适用领域非常必要。

表 4-5 所示为常见的 PPT 主题风格。

表 4-5 常见的 PPT 主题风格

主题风格	描述	适用领域
商业风	以商务、正式、专业为主要特点，通常使用稳重的配色和字体	适用于企业报告、市场分析等商业场合
校园风	清新、活泼、富有朝气，常采用明亮的色彩和卡通图案	适用于校园活动等场合
科技风	强调现代感和科技感，常使用冷色调和简洁的线条	适合科技产品展示、技术研讨等场合
扁平插画风	以扁平化设计为主，结合插画元素，色彩鲜艳且富有创意	适用于创意展示、广告推广等场合
中国风	融合中国传统文化元素，如书法、国画、剪纸等，展现东方韵味	适用于文化传承、旅游推广等场合
手绘风	采用手绘风格，注重细节和个性，使 PPT 更具艺术感和情感色彩	适用于创意设计、故事讲述等场合
杂志风	借鉴杂志排版和设计风格，注重版面的层次感和视觉效果	适合时尚、设计等领域的展示场合

明确 PPT 的目的和内容后，将不同的主题风格与不同的场合和目的相匹配。完成匹配后，演示文稿类 AI 工具能快速套用模板。以 AiPPT 为例，其提供的主题风格模板如图 4-9 所示。

要想使 DeepSeek 和 AiPPT 按照用户的想法生成一套完整且美观的 PPT，务必综合主题、大纲、风格这 3 个要素进行考量，将要素确认完毕后，即可生成 PPT，效果如图 4-10 所示。

图 4-9 AiPPT 提供的主题风格模板

图 4-10 利用 AiPPT 生成的 PPT

打磨排版与内容

经过前文的介绍，读者已经对 DeepSeek 辅助演示文稿类 AI 工具生成 PPT

的强大功能有了初步了解。演示文稿类 AI 工具生成的 PPT 通常不会十全十美，这就要求用户再进行编辑与打磨。

通过简单的提示词描述，演示文稿类 AI 工具可实现 PPT 的编辑与美化，包括更换模板、调整布局、优化色彩、修改文字、增加演示批注等。表 4-6 所示为 PPT 的主要排版要素。

表 4-6 PPT 的主要排版要素

排版要素	描述	作用
文字排版	包括并列排版、层级排版、总分总排版等	确保信息层次清晰，便于阅读和理解
字体	包括字体种类、字号大小、字重和样式	增强视觉美感，强化信息的重要性和可读性
页面配色	包括主色调、高亮色、背景色等	创造视觉冲击力，引导观众视线，营造氛围
对齐方式	包括左对齐、右对齐、居中对齐、两端对齐、分散对齐等	保证页面整洁有序，提升视觉舒适度
图形布局	包括图文混排（图像与文字相结合的设计，提高信息传达效率）、多图排版（利用网格、表格等方式统一多张图片的布局）等	有效传达复杂信息，平衡页面视觉比重

以百度文库智能助手为例，使用编辑美化功能时，只需在右侧对话框内输入对应的提示词。

设计提示词以指导演示文稿类 AI 工具高效编辑与美化 PPT 时，需要以清晰、具体的表述确保演示文稿类 AI 工具准确理解并满足用户的功能需求。这时的提示词往往非常简洁，示例如下。

> 帮我更换 PPT 模板。
>
> 将单页风格改为科技风。
>
> 将这一页的文字扩写为 30 字。

百度文库智能助手更换 PPT 模板的效果如图 4-11 所示。

图 4-11　百度文库智能助手更换 PPT 模板的效果

4　应用案例：DeepSeek 辅助生成科技公司商业路演 PPT

商业路演是初创科技公司向潜在投资者展示商业模式、市场潜力及发展前景的关键环节。一份精美的商业路演 PPT 能展现公司的专业与实力，更能吸引投资者的目光。如今借助 DeepSeek 和演示文稿类 AI 工具，可以更有效率地生成并编辑 PPT，确保内容的专业性、设计的精美度以及呈现的流畅性，让商业路演更加出彩。

1. 分析场景，确定主题

一家初创科技公司的市场部经理准备向潜在投资者进行路演，其目标是展示公司的核心优势、市场机会、商业模式及未来发展潜力，以吸引投资者的兴趣和资金支持。

下面根据此案例场景，综合“目的、行业、岗位”这三大主题要素，确定 PPT 的核心主题。

从目的来看，市场部经理进行路演的核心目的是吸引潜在投资者的兴趣和资金支持。因此，PPT 的主题应聚焦于展示公司的投资价值和发展前景，突出公司的核心优势、市场机会、商业模式以及未来发展潜力。

考虑到行业因素，作为一家初创科技公司，其 PPT 的主题应体现科技感和创新性。可以围绕公司的技术创新、产品研发、市场应用等方面展开，展现公司在行业内的竞争潜力。

最后从岗位角度出发，市场部经理作为路演的主要负责人，其职责是全面展示公司的市场潜力和商业模式。因此，PPT 的主题还应突出市场营销、商业模式及市场战略等要素，以便更好地吸引投资者的关注。

综合以上分析，可以确定 PPT 的核心主题为“科技引领未来——2025 年 ×× 科技公司商业路演”。这一主题既体现了公司的科技属性和创新精神，又突出了路演的核心职责和目标。

DeepSeek 根据这一主题生成的商业路演大纲如图 4-12 所示。

图 4-12　DeepSeek 生成的商业路演大纲

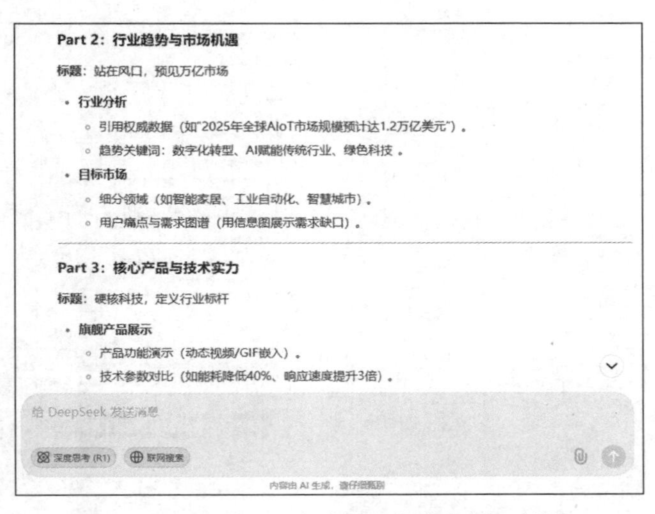

图 4-12　DeepSeek 生成的商业路演大纲（续）

2. 打磨大纲

在这一步需要仔细审查 DeepSeek 生成的 PPT 大纲。通过审阅，可以发现此大纲虽然框架较为完整，但在某些细节上还需要进一步优化。例如，DeepSeek 提供的一些数据可能不符合事实，需要查证与修改，如图 4-13 所示。

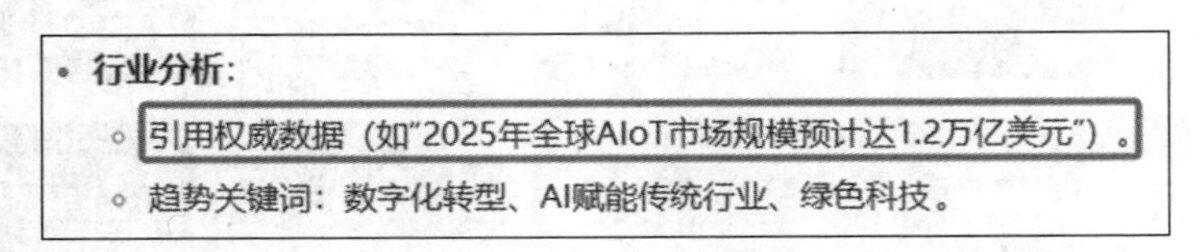

图 4-13　查证与修改大纲内容

3. 挑选风格，生成 PPT

打磨并确定好大纲内容后，便可以利用演示文稿类 AI 工具初步生成完整的 PPT。在这一步同样可以借助 DeepSeek 分析 PPT 的主题与目的，选择与主题相匹配的 PPT 模板风格和配色方案，如图 4-14 所示。

根据 DeepSeek 的分析，可以为“科技引领未来——2025 年 ×× 科技公司商业路演”选择兼顾科技与商务风格的模板，如图 4-15 所示。

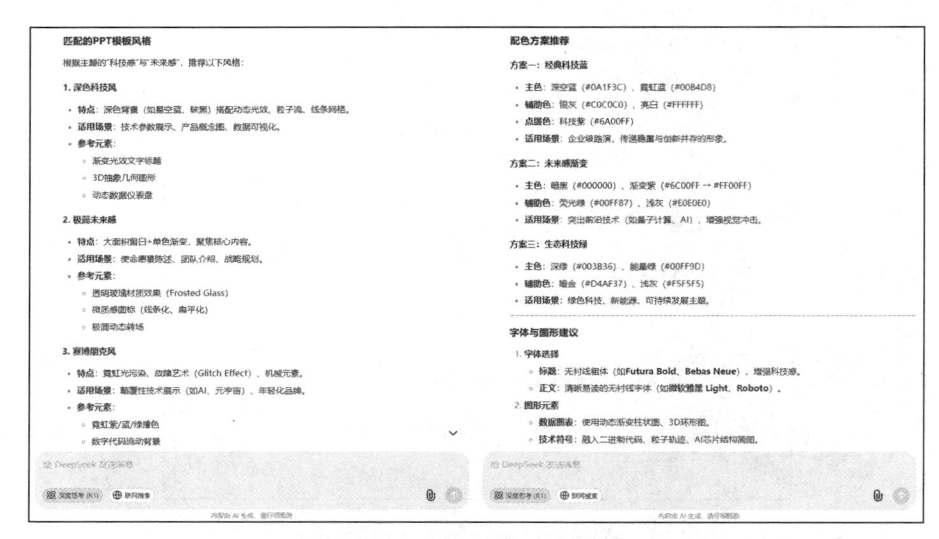

图 4-14 借助 DeepSeek 选择模板风格和配色方案

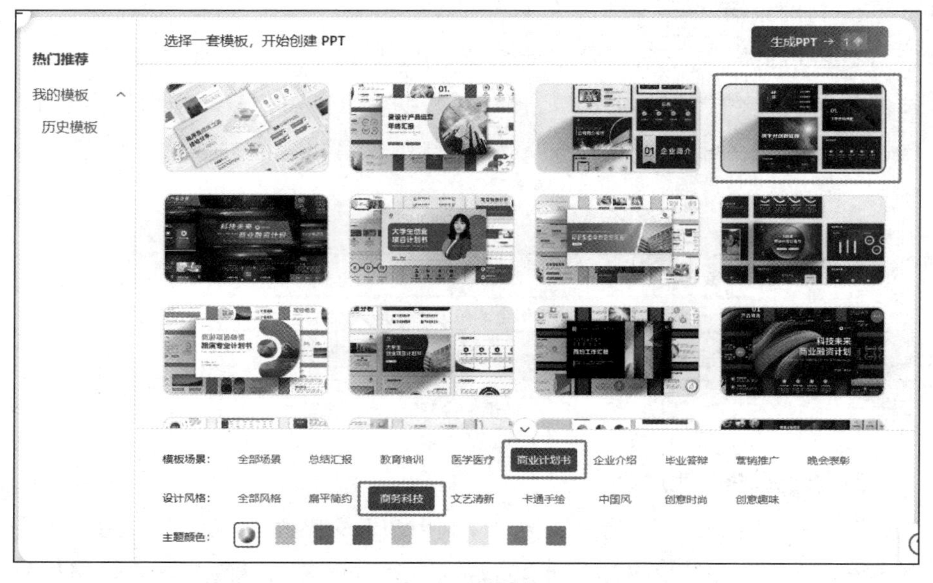

图 4-15 商务科技风格的 PPT 模板

4. 查漏补缺，打磨细节

至此，一份基本的商业路演的 PPT 已经完成。为了追求更高的质量，还可借助 DeepSeek 和演示文稿类 AI 工具进一步打磨细节内容。

首先，DeepSeek 具备强大的文本处理和内容生成能力，可以辅助优化 PPT 中的文字内容。我们可以逐页检查 PPT 中的文字描述，利用 DeepSeek 的自动缩写、扩写或转换文本风格的功能，使文字更加精练、准确且富有吸引力。

其次，通过分析 PPT 的页面元素和排版方式，WPS AI 可以给出改进建议，如调整文字大小、颜色搭配等，使 PPT 的视觉效果更加出色。

最后，还可以利用 DeepSeek 或演示文稿类 AI 工具生成演示备注，为每一页 PPT 生成文字备注，辅助后续的演讲。WPS AI 生成演示备注的界面如图 4-16 所示。

图 4-16　WPS AI 生成演示备注的界面

Part 5

DeepSeek 与图像类 AI 工具结合实操技巧

“图像”在社会生活中无处不在，一切绘画、照片、传达设计等静态视觉内容都可称为图像。视觉叙事的力量在信息时代被赋予了新的生命力，而图像作为直接、极具感染力的信息载体，其创作与优化过程在 AI 技术的推动下发生了巨大的改变。AI 技术在图像领域可实现高效的图像生成和编辑，AI 工具创作图像的速度和风格的多样是人力所不及的。

DeepSeek 作为 AI 技术的重要推动者，不仅能实现快速生成高质量的提示词，还能通过智能分析用户需求，优化生成图像所用的关于细节与风格等的提示词，帮助用户更精准地实现创意表达。无论是生成写实风格的照片，还是创作抽象的艺术作品，DeepSeek 都能为用户提供强大的支持，进一步提升图像创作的效率与艺术性。

Part 5 将探索图像类 AI 工具的操作方法与应用场景，解析这些技术如何重塑图像创作、激发创新思维，为个人与组织带来便利。无论是专业设计师还是普通用户，都可通过这些工具实现创作效率的提升。

1 图像类 AI 工具介绍

图像类 AI 工具是 AI 技术领域的重要板块，其拥有强大的图像处理能力，能够借助深度学习等技术模拟出各种复杂的图像风格与细节，生成多样化的图像内容，大大提升创作效率与灵活性。DeepSeek 通过智能化生成与优化提示词，可帮助用户快速定位创作方向，精准匹配图像风格和细节需求，显著降低创作门槛。目前，国内外图像类 AI 工具种类极为丰富且层出不穷，熟悉其中常见的 AI 工具，将为后续的实操应用奠定基础。

Midjourney 与 DeepSeek

Midjourney 是一款基于 AI 技术的艺术创意生成工具，于 2022 年 3 月 14 日正式以架设在 Discord[1] 上的服务器形式推出。用户注册 Discord 并加入 Midjourney 的服务器，选择付费订阅计划后即可开始图像创作。Midjourney 以其独特的功能和高超的性能受到广泛关注，用户只需输入提示词，便能通过人工智能技术迅速生成对应的图像。对比其他图像类 AI 工具，Midjourney 生成的图像质量堪称一流。除了基本的图像生成功能，Midjourney 还提供了丰富的编辑和定制选项，使用户能够对自己的作品进行进一步的完善、优化和转变。

由于 Midjourney 对英文提示词的依赖度较高，用户可以通过 DeepSeek 一键生成高质量的英文提示词，快速解决语言障碍问题，进一步提升创作效率与精准度。这种高度的灵活性和可定制性，使 Midjourney 成为一款深受艺术家和设计师喜爱的创作工具。

该工具的图标如图 5-1 所示。

1 Discord：一家通信社群平台。

图 5-1 Midjourney 的图标

即梦 AI 与 DeepSeek

即梦 AI 是字节跳动旗下 AI 大模型公司研发的图像生成工具，以其免费、低门槛的特点受到广泛欢迎。用户只需输入简单的提示词，即可快速生成质量高、风格多样的图像作品。无论是写实风格的照片，还是抽象的艺术创作，即梦 AI 都能通过其强大的深度学习等算法，精准捕捉用户的创作意图，生成令人惊艳的视觉内容。

由于即梦 AI 对提示词的精准度要求较高，用户可以通过 DeepSeek 生成优化后的提示词，从而进一步提升图像生成的效果和创意表达，同时降低创作门槛。除了基础的图像生成功能，即梦 AI 还支持多种风格的定制与调整，使用户能够轻松实现从写实到抽象的多样化创作。这种免费、灵活且智能化的特性，使即梦 AI 成为一款备受设计师和艺术创作者青睐的工具。

该工具的图标如图 5-2 所示。

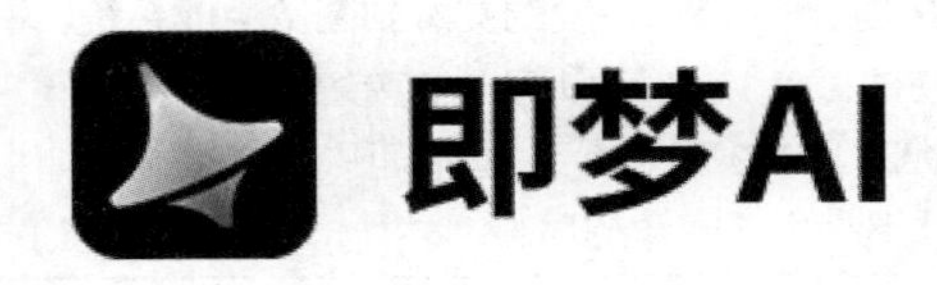

图 5-2 即梦 AI 的图标

其他图像类 AI 工具

作为 AI 技术领域中极为重要的一个板块，AI 图像生成技术已较为成熟，相应也出现了许多各具特色的工具。表 5-1 所示为目前部分较为成熟的图像类 AI 工具及其功能简介。

表 5-1 目前部分较为成熟的图像类 AI 工具及其功能简介

工具名称	功能简介
文心一格	AI 艺术和创意辅助平台。依托于文心大模型和飞桨技术，能够根据用户输入的文字生成多种风格的高清画作，包括国风、油画、水彩、水粉、动漫、写实等 10 余种风格
米堵喱	能够快速生成各种图画，提供多种样式和艺术性选择。用户可以上传参考图作为创作参考，还可以根据个人喜好调整细节。通过特殊的探索模式可浏览其他用户生成的内容
LiblibAI	基于 Stable Diffusion 的 AI 绘画模型资源平台，提供丰富的模型资源和图片灵感，支持多种主题和风格，如建筑设计、插画设计、摄影、游戏等
无界 AI	功能强大且易于上手的综合性 AI 绘画工具。它集成了提示词搜索、AI 图库、AI 创作、AI 广场及词 / 图等多种功能，为用户提供一站式的 AI 搜索、创作、交流、分享服务
美图秀秀	集 AI 修图与设计于一体的大众化图像处理软件，凭借智能化功能简化图像美化、设计过程，使用户无须具备专业技能即可轻松编辑图片、拼图、制作证件照、设计标志及海报等，实现创意表达与视觉内容创作
Stable Diffusion	强大的开源 AI 绘画工具，为许多其他 AI 工具提供技术支持
DALL · E 3	由 OpenAI 公司开发的文本到图像生成系统，引入了与 ChatGPT 的集成，使用户可以通过简单的对话来创建独特的图像。此外，DALL · E 3 还引入了提示词重写的功能，利用 GPT-4 优化提示词，以提高生成图像的质量

一般来讲，这些图像生成工具都会提供详细的使用手册与官方教程，并提供免费体验机会。用户可以通过生成 1 ～ 2 幅图像来感受这些工具的具体功能和效果，也可通过浏览其他用户的作品及其对应的提示词初步了解图像类 AI 技术。图 5-3 所示为工具“文心一格”的首页界面，可以看到该平台展示了用户创作的丰富图像作品及其对应的提示词。

图 5-3　“文心一格”的首页界面

2　DeepSeek 与图像类 AI 工具结合的应用场景

由于功能强大，图像类 AI 工具已广泛应用到各类与图像相关的场景中，显著提升了视觉内容创作的效率。这些工具的应用场景主要分为两大类：一类专注于从零开始生成全新的图像，另一类则致力于对现有图像进行智能化编辑与美化。下面将详述这两种类型的应用场景的具体情况。

DeepSeek 辅助图像生成

图像类 AI 工具的图像生成功能是其核心特色之一。这些工具利用深度学习算法，能够基于用户输入的提示词或其他信息自动生成符合要求的图像。DeepSeek 作为提示词优化助手，能够帮助用户快速生成精准且富有创意的提示词，显著提升图像生成的质量与效率。无论是风景、人物、建筑还是抽象概念，图像类 AI 工具都能结合 DeepSeek 快速创作出独具特色的图像作品。

1. 生成方式

目前主流的图像类 AI 工具生成图像的方式主要有基于文字提示词生成与基于上传图片生成两种方式，一般将这两种方式分别简称为“文生图”与“图生图”。

（1）**文生图**。文生图是指通过输入一段文字描述，由图像类 AI 工具自动生成对应视觉图像的过程。这种生成方式的核心在于将自然语言理解与计算机视觉技术相结合，构建能够从文本语义中解码出视觉特征的复杂模型。

这种生成方式是目前最常用的方式，对提示词的依赖程度较高。用户可以使用 DeepSeek 快速生成精准且富有创意的提示词。图 5-4 所示为用 DeepSeek 辅助生成文字提示词的过程。

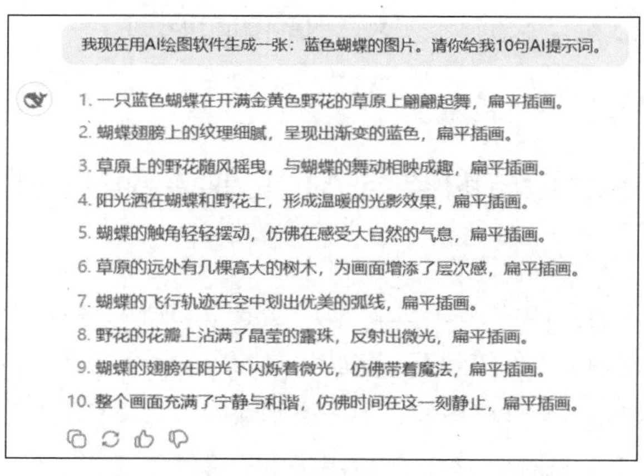

图 5-4 DeepSeek 辅助生成文字提示词的过程

在 DeepSeek 的辅助下，用户可以获取更精准的 AI 绘画提示词，从而生成更符合要求的图像。图 5-5 所示为文心一格文生图示例。

（2）**图生图**。图生图是指以现有图像作为输入，由图像类 AI 工具对其进行编辑、转换或增强，从而生成新的图像。这种生成方式在保持原始图像核心内容的同时，还能实现特定的编辑目标或风格转换。

使用这种生成方式，需要用户自行准备图片并上传至 AI 工具。图 5-6 所示为根据已有图像生成图像的过程。

图 5-5　文心一格文生图示例

图 5-6　根据已有图像生成图像的过程

2. 内容应用

图像类 AI 工具可生成的图像类型极为丰富，几乎涵盖了所有需要图像内容的领域。图像类 AI 工具在图像生成方面的应用场景如表 5-2 所示。

表 5-2 中列举了图像类 AI 工具在图像生成方面的应用场景及其简要介绍与案例，展示了 AI 技术在艺术、商业、教育、娱乐、建筑等多个领域的广泛应用潜力。随着技术的不断进步，图像类 AI 工具的适用范围将持续扩大。

表 5-2　图像类 AI 工具在图像生成方面的应用场景

应用场景	介绍	案例
艺术创作	利用 AI 工具生成艺术品，包括绘画、插图、概念设计等，为艺术家提供灵感来源、辅助创作或独立生成作品	绘制一幅印象派风格的风景画，展现夕阳下的麦田与风车，可供展览或出售
广告与营销	生成吸引眼球的视觉素材，用于产品推广、社交媒体广告、海报设计等，提高品牌传播效果	生成一款新手机的产品渲染图，展示其多种配色、角度和使用场景，用于电商平台宣传
新闻与传媒	快速生成新闻配图、图表、信息可视化内容，增强报道的视觉冲击力和信息传达效率	根据天气预报数据生成未来一周的全国气温分布地图，供新闻网站发布
教育与培训	生成教学示意图、卡通形象、交互式学习资源，提升教学内容的吸引力与可理解度	制作一系列动物解剖结构图，标注关键部位名称，用于生物课程教材
游戏与娱乐	生成游戏内的角色、场景、道具等美术资源，或用于动态背景、特效设计，提升玩家的游戏体验	设计一套科幻主题的角色套装及武器模型，供玩家在大型多人在线游戏中选择使用
建筑与室内设计	快速绘制建筑设计方案、室内布局效果图，帮助客户预览和决策，提升设计沟通效率	根据设计师草图生成住宅楼外观三维渲染图，展示不同光照条件下的视觉效果
时尚与零售	设计服装款式、提供搭配建议、支持虚拟试衣应用，助力线上购物体验，或为设计师提供灵感	为用户生成个性化服装搭配建议，包括上装、下装、配饰的组合及颜色搭配，用于电商平台推荐
影视与动画	生成背景、角色、特效等动画元素，简化制作流程，降低制作成本，或用于预可视化	创作一部短片的动画分镜，包括场景切换、角色动作、镜头移动等，用于导演前期策划

图像编辑与美化

图像编辑与美化是指运用 AI 技术快速实现图像处理任务，涵盖瑕疵修复、内容填充、风格迁移、对象识别与分离、图像增强、内容感知缩放等功能，如表 5-3 所示。

表 5-3　图像类 AI 工具在图像编辑与美化方面的功能

功能	介绍	案例
瑕疵修复	自动识别并修复图像中的噪点、划痕、污渍、红眼等缺陷，使画面更纯净	用于美颜等领域，快速消除人物面部的痘痘、皱纹、眼袋，实现平滑肌肤效果，提升肖像照质量
内容填充	基于周围像素信息智能填充图像中缺失的部分，如去除水印、物体移除后的填补等	移除照片中碍眼的电线杆，并自然填充背景
风格迁移	将源图像的艺术风格转化为另一种风格（如油画、素描、卡通等）	将普通风景照片转化为凡·高《星月夜》风格的油画
对象识别与分离	精确识别并分离图像中的特定对象，以便于单独编辑或替换背景	提取照片中的人物，将其与原背景分离，以便于放置于新的背景环境中
图像增强	提高图像细节清晰度、降噪、增强弱光区域，尤其适用于低质量或老旧照片	提升老照片的清晰度，去除噪点，恢复暗部细节，使之焕然一新
内容感知缩放	在调整图像尺寸时保持重要细节完整，避免常规缩放导致的失真或质量下降	在调整风景照片尺寸时，智能保留山脉、建筑等主体结构的清晰度，无明显失真

这些功能极大地简化了图像后期处理流程，使得用户无须具备专业知识也能轻松提升图像质量和艺术表现力。图像编辑与美化工具平台通常设计得直观且对用户友好，设计师通过图形化界面和功能按钮的形式，将复杂的图像处理算法封装在易于操作的界面元素之中。用户无须编写代码或使用特定的文字提示词，仅通过点击、拖曳、滑动等直观交互方式即可完成各类编辑与美化工作。美图秀秀的 AI 工具图像处理界面如图 5-7 所示，可以看到，只需上传图片并选择工具进行涂抹等操作，就能实现图像处理。

图 5-7　美图秀秀的 AI 工具图像处理界面

3　DeepSeek 用于图像生成的提示词设计步骤

与其他 AI 工具一样，设计精准、高效的提示词是引导图像类 AI 工具生成理想图像的关键环节。设计图像生成提示词就是通过精心构造的词汇和表达，精确调控 AI 工具的理解与创作过程，从而实现对图像风格、主题、细节乃至情感内涵的精准控制。而 DeepSeek 作为提示词设计辅助 AI 工具，能够帮助用户快速生成高质量的提示词，进一步提升图像生成的效果与精准度。

▌确认主题与内容

设计图像生成提示词的第一步是确认主题与内容，这是确定图像内容的关键步骤，奠定了整个创作的基础，决定了图像类 AI 工具将要生成的视觉场景及其核心要素。在使用提示词明确主题与内容时，需要确保两个特性：具体性和视觉指向性。

1. 具体性

具体性指提示词应详细、具体地描述期望生成图像的主题、场景、主体对象及其特征，避免模糊不清、过于笼统的表述，以帮助 AI 工具构建清晰的视觉画面。图 5-8 中展示的一组案例阐述了这一特性。

不具体的描述语言：	具体的描述语言：
森林	茂密的热带雨林
不具体的描述语言：	**具体的描述语言：**
海洋	波光粼粼的海岸线

图 5-8 具体性示例

可以看到，单纯的“森林”“海洋”等词语虽然点明了图像的主题、场景等，但并不具体、明确，这就会导致图像类 AI 工具生成各种可能的“森林”或“海洋”图像；而使用了“茂密的热带雨林”“波光粼粼的海岸线”等具体描述，图像类 AI 工具生成的内容就被限定在特定的场景范围内，可确保生成图像的准确性。

明确具体性可以从主体元素和辅助元素两个角度出发。

（1）**主体元素**。主体元素指画面最主要的对象，包括主体对象的形态、特征和状态等，如“形态各异的热带鱼群与海龟在悠然游弋”中，“热带鱼群与海龟”就是画面的主体元素。

（2）**辅助元素**。辅助元素指背景环境、时间条件和气候状况等，如“波光粼粼，宁静而生机勃勃的海底景象，形态各异的热带鱼群与海龟在悠然游弋”中，“波光粼粼，宁静而生机勃勃的海底景象”就是背景环境。

2. 视觉指向性

这一特性强调使用具有视觉指向性的关键词，如颜色、材质、形状、动作、情绪等，以丰富图像的视觉元素。应避免使用抽象的词汇，或是非视觉性的语言进行描述。图 5-9 所示的案例展示了如何确保提示词具备视觉指向性。

缺乏视觉指向性的描述语言： 充满积极气息地展现精气神	具备视觉指向性的描述语言： 蔚蓝天空下，金色麦田随风摇曳，劳动者挥汗收割

图 5-9 视觉指向性示例

在图 5-9 所示的示例中，“积极气息”和“精气神”都是较为抽象的描述，这样的提示词会让图像类 AI 工具生成的图像不可知、不可控；而“蔚蓝天空下，金色麦田随风摇曳，劳动者挥汗收割”这样的描述包含了丰富的视觉细节，指定了天空与麦田的场景及人物主体“劳动者”，为图像类 AI 工具提供了清晰的生成依据。

在提示词中确保了具体性与视觉指向性，生成的图像内容便能高度符合要求。图 5-10 所示为图像类 AI 工具根据明确提示词生成的图像。

图 5-10 图像类 AI 工具根据明确提示词生成的图像

确认风格与艺术手法

确认风格与艺术手法旨在指导 AI 工具理解并实现用户期望的艺术表现形

式和创作技巧，确保生成的图像不仅能准确传达主题内容，还能够体现独特的视觉美学和艺术风格。

1. 风格

在构思和编写提示词时，确认风格是赋予作品灵魂和个性的重要环节。它要求创作者精准表达出对图像审美倾向的要求。具体来讲，图像风格可以分为“流派主义风格”和“艺术家风格”两种类型。

（1）**流派主义风格。**流派主义风格指已经成熟，并拥有专业名称的风格。如精细描绘的现实主义、象征意味的抽象派、厚重质感的古典油画风格或是现实效果的现代数码摄影风格等。表 5-4 所示为部分流派主义风格提示词。

表 5-4　部分流派主义风格提示词

类别	流派主义风格提示词
传统绘画	古典油画、水墨风、工笔画、浮世绘、点彩画、光影主义、油画棒、铅笔画、钢笔画、马克笔、水彩画、素描画
现代绘画	抽象派、印象派、波普艺术、立体主义、涂鸦风、赛博朋克、二次元、黑白漫画、哥特风、复古风、扁平插画
数码与科技艺术	现代数码摄影、三维（3-Dimensional，3D）建模、像素画
工艺美术	纸艺、沙画、拼贴艺术、毛毡工艺
设计与装饰	新艺术运动、装饰艺术

对图像类 AI 工具的使用者来说，积累一些流派主义风格提示词并理解其特点、内涵，有助于更加准确地表达自己的创作需求，甚至可以提升审美水平。通过对各种流派主义风格作品的欣赏和分析，使用者可以逐渐培养独特的审美眼光和品位，从而更好地把握创作方向。

（2）**艺术家风格。**艺术家风格是指艺术家或艺术团体在长期的艺术实践中形成并展现出的独特而稳定的艺术风貌、特色、作风、格调和气派等。

合适的艺术家风格提示词可以引导 AI 工具生成具有特定艺术风格和个性的图像作品。例如，选择某位著名画家的风格，可能会使生成的图像呈现出该画家特有的色彩运用、笔触质感或构图方式等特征。

表 5-5 所示为部分艺术家风格提示词。

表 5-5　部分艺术家风格提示词

类别	艺术家提示词
西方艺术家	凡・高、毕加索、达・芬奇、莫奈、米开朗琪罗、塞尚、高更、拉斐尔、蒙德里安、穆夏、格兰特・伍德、莫比斯、迪士尼
日本艺术家	葛饰北斋、草间弥生、宫崎骏、新海诚
中国艺术家	徐悲鸿、齐白石、吴冠中、张择端、张大千、仇英、吴道子

图 5-11 展示了图像类 AI 工具生成的凡・高风格图像，可以看到 AI 工具很好地模仿了艺术家凡・高的绘画风格。

图 5-11　图像类 AI 工具生成的凡・高风格图像

2. 艺术手法

艺术手法提示词用于指导图像类 AI 工具按照某种特定的艺术处理方式进行创作。这些提示词可以极为精确地控制生成内容的视觉效果，从而使图像类 AI 工具模仿不同的绘画技法、摄影手法或其他艺术媒介的独特风格。如“使用水彩质感表现晨雾中的湖畔”“模拟长曝光效果捕捉城市夜景的车流轨迹”。

艺术手法是较为进阶的风格提示词，能够非常细致地界定画面的风格，丰富画面效果。

以绘画生成、摄影生成和数字艺术生成这 3 个领域为例，常见的艺术手法提示词如表 5-6 所示。

表 5-6 常见的艺术手法提示词

领域	艺术手法	介绍
绘画生成	潦草笔触	画面呈现出随意、粗糙的笔触效果，带有涂鸦或草稿的风格
	草稿笔触	呈现出初步构思或未完成状态的绘画，笔触较为简洁
	浓墨重彩	使用深重、鲜明的色彩，营造出强烈的视觉冲击力
	轻描淡写	笔触轻柔，色彩淡雅，强调简洁和轻盈感
	笔触清晰	画面中的笔触线条分明，细节清晰可见
摄影生成	长曝光	模拟长时间曝光的效果，常用于捕捉水流、星轨等
	多重曝光	在同一画面中叠加多个曝光图像，创造出梦幻或超现实的效果
	微距镜头	突出表现物体的细节和纹理，常用于表现微小物体或昆虫
	全息摄影	呈现出三维立体效果，使画面更具空间感
	景深	利用前后景深的差异，营造出画面的层次感和空间感
	超广角	展现宽广的视野，使画面更具开阔感和宏伟感
数字艺术生成	4K 分辨率	画面清晰度高，细节表现力强，带来接近真实的视觉体验
	超高清	画面细腻度极高，能够呈现更多的细节和纹理
	8K 分辨率	超越 4K 的清晰度，提供更丰富、更细腻的画面表现
	光线追踪	模拟真实世界中的光线反射和折射等效果，使画面更具真实感和立体感

恰当地运用艺术手法提示词可显著提高生成效果。图 5-12 所示为利用“微距镜头”提示词生成的图像。

图 5-12 利用“微距镜头”提示词生成的图像

确认构图与视角

确认构图与视角是利用图像类 AI 工具生成图像过程中较为重要的步骤，涉及如何组织和安排画面中的元素，以及从何种角度展示这些元素，进而塑造出独特的视觉效果。

相对来说，确认构图与视角是更为进阶的提示词设计技巧，对生成更高质量、更符合需求的图像起着重要作用。合理布局空间关系与精心选取观察视角，能够让 AI 工具理解并实现创作者心中的完美画面。

这一环节的设计可以分为两个方面：空间布局与视角选择。

1. 空间布局

空间布局是指图像的构图元素分布及空间关系，即图像中的主体、陪体及其背景之间的位置关系等、比例大小和相互联系等。如“前景是盛开的樱花树，中景为古建筑群，背景为远山”，这样层次分明的提示词能够有效帮助图像类 AI 工具构建层次分明的画面。

常见的空间布局术语提示词如表 5-7 所示。

表 5-7 常见的空间布局术语提示词

空间布局术语	描述	示例提示词
前景	图像中最靠近观众的部分，用于突出重点或引导视线	明亮的花朵在前景中绽放
中景	在前景与背景之间，展现主要场景活动区域	公园的长椅和行人为中景
近景	类似于前景，通常指比中景更接近镜头的人物或物象	主角面部表情清晰可见的近景特写
背景	图像最深处，提供环境信息和营造空间感	山脉作为画面背景延伸至远方
主体	图像中心或焦点所在，占据显著地位的元素	建筑主体矗立在画面正中央
边缘	图像边缘的区域，可能用于平衡构图或扩展视野	树木沿着画框边缘自然分布

在提示词中加入常见的空间布局术语，指定物体的相对位置、排列方式或运动状态等，能够有效增强生成画面的立体感和动态感。

利用空间布局术语提示词生成的图像如图 5-13 所示。

图 5-13 利用空间布局术语提示词生成的图像

2. 视角选择

视角选择涵盖平视、俯视、仰视、透视等多种视角，甚至包括鱼眼视角、宽幅视角等非常规视角。举例来说，若要生成一幅鸟瞰城市的全景图像，可使用“从高空俯视视角展现繁华都市的天际线”这样的提示词。灵活运用不同视角，不仅能够凸显主体的特点，还能创造出新颖且具有沉浸感的画面。

常见的视角术语提示词如表 5-8 所示。

表 5-8 常见的视角术语提示词

视角术语	描述	示例提示词
平视	与主体处于同一水平线上，如同人眼日常观察视角	平视视角下的城市街道风光
俯视	从上向下看的视角，类似于鸟瞰或无人机视角	俯视视角下的公园全景
仰视	从下向上看的视角，常用于表现高耸的建筑物或天空	仰视视角下的摩天大楼
鱼眼视角	极端广角镜头产生的扭曲变形视角，视野范围极大	采用鱼眼视角捕捉圆形全景景观
透视视角	用于反映三维空间中物体随着远离观察点而逐渐变小的现象	透视视角下的铁路轨道消失在地平线
侧视 / 斜侧视角	从物体侧面或斜侧方向观察的视角	斜侧视角下的汽车轮廓线条
宽幅视角	类似于宽银幕电影的宽广视角	宽幅视角下的海滨落日景色

利用视角术语提示词生成的图像如图 5-14 所示。

图 5-14 利用视角术语提示词生成的图像

细化专业术语与图像规格

图像生成技术广泛应用于广告营销、教育、设计等众多领域，每个领域都有其行业规范与术语，这些规范同样可以成为图像设计的提示词。细化专业术语与图像规格这一环节着重于提示词的专业维度和图像规格，以便图像类 AI 模型能够准确识别并生成相应领域与规格的图像。

1. 专业术语

针对特定领域（如建筑设计、出版、时尚设计等）的图像生成，要使用专业术语确保图像类 AI 工具准确理解行业特定要求。例如，在建筑领域使用“轴测图”“剖面图”“平面图”等，在绘画设计领域使用“三视图”“线稿图”等。只有当 AI 工具理解这些术语背后的含义时，才能生成具有专业水准和行业特色的图像。

值得注意的是，AI 生成图像内容可能存在错误，因此在专业领域应用时要格外谨慎，避免误导他人。

DALL·E 3 生成的建筑设计图如图 5-15 所示，它可以为专业工作者提供思路。

2. 图像规格

针对不同的应用场景，可能还需要结合具体需求来调整图像规格，例如图像尺寸和分辨率，以获得满足多元化需求的高质量图像。

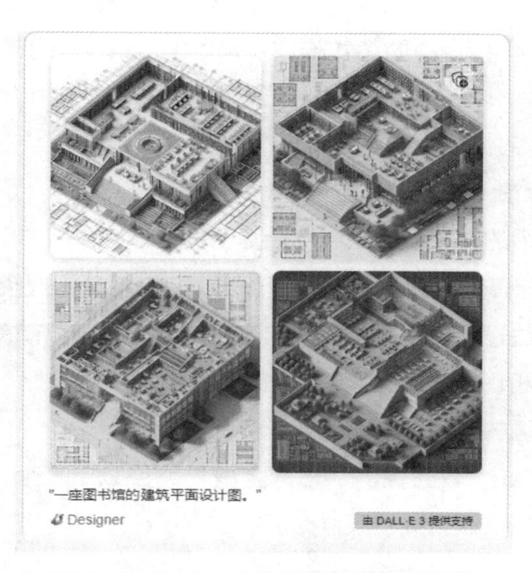

图 5-15 DALL · E 3 生成的建筑设计图

大部分图像类 AI 工具都支持用户自行选择图像尺寸，确保生成的图像符合实际应用需求。因此设计图像尺寸往往无须专门设计提示词，只需在生成时选择需要的尺寸选项。无界 AI 提供的画面大小选项如图 5-16 所示。

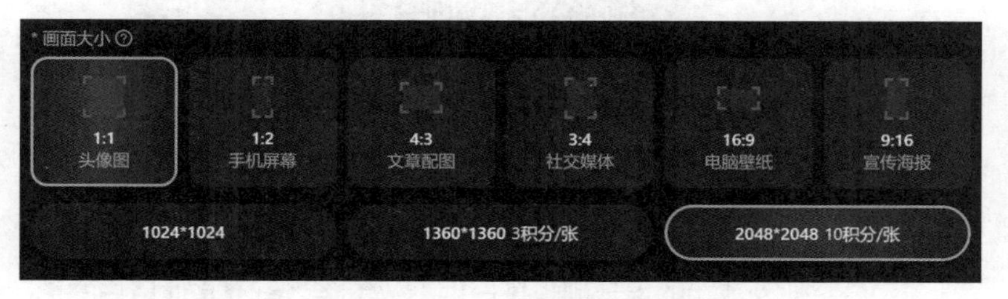

图 5-16 无界 AI 提供的画面大小选项

DeepSeek 辅助迭代和优化图像

这一步的核心在于不断试验、学习与微调，直到达到预期效果。无论是初次尝试，还是借鉴已有的优秀案例，都需要经历反复实践和反馈修正的过程。

用户借助 DeepSeek 可以不断迭代和优化提示词，逐步提升图像生成的精准度与创意表达，最大化地发挥图像类 AI 工具的潜力，并创作出符合创作者个性化需求的理想图像。

1. 试验与反馈

按照前文介绍的设计要点完成初始提示词设计后，用户可以将其输入图像类 AI 工具中进行初步图像生成。由于图像类 AI 工具的理解和表现能力受制于训练数据和算法逻辑，首次生成的结果可能与理想图像存在一定的差距。此时，可观察和分析图像类 AI 工具生成的图像，对照原始提示词，找出两者间的差异和生成图像的不足之处，为后续优化提供依据。

许多图像类 AI 工具会提供“再次生成”“生成相似图”等功能，使用这些功能有助于不断调试生成结果，如图 5-17 所示。

图 5-17 “生成相似图”功能

2. 学习与借鉴

学习和借鉴他人成功的提示词也是一种高效策略。研究其他用户的优质生成结果及其对应的提示词，不仅可以快速掌握如何有效引导图像类 AI 工具生成特定风格或主题的图像，还能从中提炼出一套适用于自身创作的通用模板或方法论。

许多图像类 AI 工具提供其他用户的图像生成提示词，这就为用户提供了学习借鉴与模仿生成的机会。图 5-18 展示了即梦 AI“做同款”功能，可供用户生成相似风格与内容的图像。

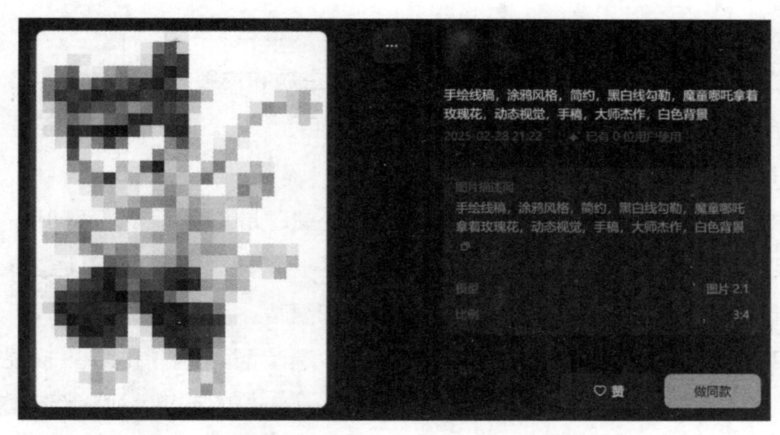

图 5-18　即梦 AI“做同款”功能

4　应用案例：DeepSeek 辅助生成春节节日海报

春节，作为中华民族最重要的传统节日之一，不仅具备深厚的文化底蕴，也是企业推广产品的绝佳时机。在这个特殊的节日里，企业设计富有创意和节日氛围的海报就显得尤为重要。节日海报不仅是传递节日信息、营造节日氛围的重要工具，更是提升品牌形象、吸引消费者眼球的有效手段。

众多行业和场景都会需要节日海报。零售企业一般会在春节期间推出各种促销活动，精心设计的海报能够吸引消费者驻足，提高销售额；餐饮企业则会利用海报展示特色菜品和节日优惠，吸引消费者光临；媒体和广告公司也会制作节日海报，用于线上、线下宣传，扩大品牌影响力。

利用 AI 工具生成节日海报具有高效性和创新性。借助 AI 工具，设计师可以便捷地获取灵感，将节日元素、行业特色与品牌理念相融合，创造出独具匠心的节日海报。DeepSeek 作为提示词优化工具，通过智能分析与用户交互，可快速生成高质量的提示词，并根据反馈不断迭代优化，帮助设计师精准把控海报的风格、主题与细节，显著提升创作效率与视觉效果。

下面按照图像类 AI 工具提示词设计要点，分析春节节日海报的要点需求，设计一份有效的海报生成提示词。

1．分析场景，通过 DeepSeek 辅助确定主题和内容

分析春节节日海报的常见场景，从而明确几个核心的主题和内容提示词，保证具体性和视觉指向性。

春节作为中华民族的重要传统节日，核心主题是“春节庆祝活动”，海报要体现节日的喜庆和热闹。“家庭团聚”是另一个重要主题，可以通过家人齐聚一堂、人们的笑脸、欢庆场景来体现亲情和温暖。

用户可以通过 DeepSeek 的提示词生成功能，输入简单的场景描述（如“春节家人团聚”或“传统节日元素”），DeepSeek 会自动生成一系列高质量的提示词，例如“春节，家庭团聚，欢乐气氛，红色背景”。这些提示词不仅精准捕捉了场景的核心元素，还提供了丰富的视觉细节，可帮助用户快速找准创作目标。利用 DeepSeek 辅助确定春节节日海报的主题与内容提示词如图 5-19 所示。

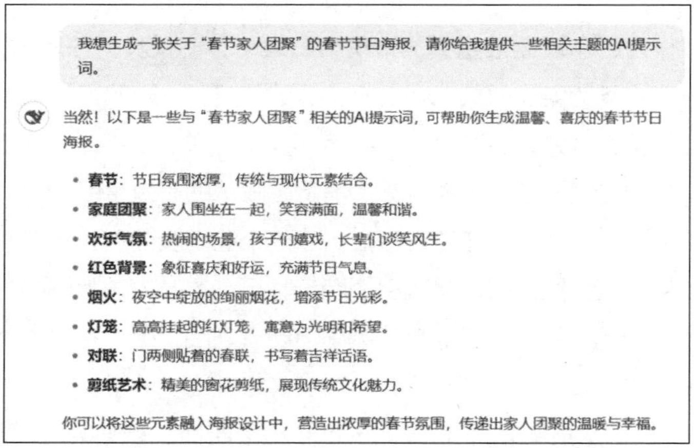

我想生成一张关于“春节家人团聚”的春节节日海报，请你给我提供一些相关主题的AI提示词。

当然！以下是一些与“春节家人团聚”相关的AI提示词，可帮助你生成温馨、喜庆的春节节日海报。

- **春节**：节日氛围浓厚，传统与现代元素结合。
- **家庭团聚**：家人围坐在一起，笑容满面，温馨和谐。
- **欢乐气氛**：热闹的场景，孩子们嬉戏，长辈们谈笑风生。
- **红色背景**：象征喜庆和好运，充满节日气息。
- **烟火**：夜空中绽放的绚丽烟花，增添节日光彩。
- **灯笼**：高高挂起的红灯笼，寓意为光明和希望。
- **对联**：门两侧贴着的春联，书写着吉祥话语。
- **剪纸艺术**：精美的窗花剪纸，展现传统文化魅力。

你可以将这些元素融入海报设计中，营造出浓厚的春节氛围，传递出家人团聚的温暖与幸福。

图 5-19　利用 DeepSeek 辅助确定春节节日海报的主题与内容提示词

将这些元素融入设计中，可以打造出既富有传统韵味又充满现代气息的春节节日海报。整合 DeepSeek 的建议，提炼出的主题和内容提示词如下所示。

春节，家庭团聚，欢乐气氛，红色背景，烟火，灯笼，对联，剪纸艺术。

2. 强化节日气氛，通过 DeepSeek 辅助确定风格与艺术手法

确定节日海报风格时，须从主题内容的内涵考虑。

用户可以通过输入简单的春节节日海报的风格和艺术手法描述词，命令 DeepSeek 生成一系列高质量的提示词。利用 DeepSeek 辅助确定春节节日海报的风格提示词如图 5-20 所示。

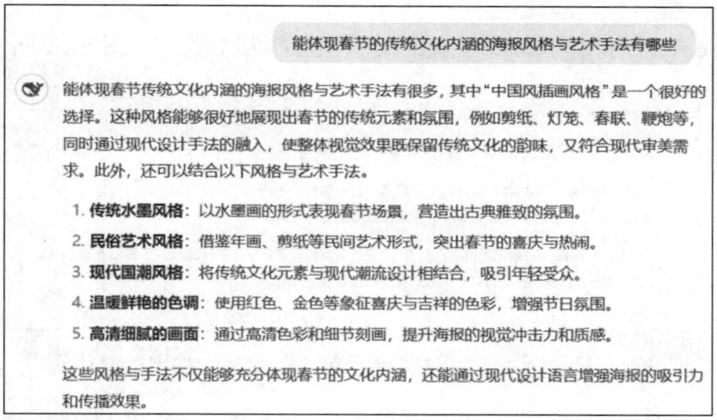

能体现春节的传统文化内涵的海报风格与艺术手法有哪些

能体现春节传统文化内涵的海报风格与艺术手法有很多，其中“中国风插画风格”是一个很好的选择。这种风格能够很好地展现出春节的传统元素和氛围，例如剪纸、灯笼、春联、鞭炮等，同时通过现代设计手法的融入，使整体视觉效果既保留传统文化的韵味，又符合现代审美需求。此外，还可以结合以下风格与艺术手法。

1. **传统水墨风格**：以水墨画的形式表现春节场景，营造出古典雅致的氛围。
2. **民俗艺术风格**：借鉴年画、剪纸等民间艺术形式，突出春节的喜庆与热闹。
3. **现代国潮风格**：将传统文化元素与现代潮流设计相结合，吸引年轻受众。
4. **温暖鲜艳的色调**：使用红色、金色等象征喜庆与吉祥的色彩，增强节日氛围。
5. **高清细腻的画面**：通过高清色彩和细节刻画，提升海报的视觉冲击力和质感。

这些风格与手法不仅能够充分体现春节的文化内涵，还能通过现代设计语言增强海报的吸引力和传播效果。

图 5-20　利用 DeepSeek 辅助确定春节节日海报的风格提示词

根据 DeepSeek 的建议，为了增强海报的视觉效果和吸引力，可以“将传统文化元素与现代潮流设计相结合”，通过简洁明了的构图和布局，使海报更加符合现代审美需求。在艺术手法等细节方面，色彩的选择也非常关键，可以使用“温暖而鲜艳的色调”，如红色和金色，来营造出春节的喜庆和热烈氛围。为了进一步突出海报中的重点元素，增强整体的美感，还可以加上“高清色彩”这类提示词。

整合 DeepSeek 的建议，提炼出的风格与艺术手法提示词如下所示。

> 中国风插画风格，融入现代平面设计，使用温暖而鲜艳的色调，高清色彩。

3. 根据海报设计要求，通过 DeepSeek 辅助确认构图

在分析春节节日海报的构图时，要确保构图能够直观并准确地表达春节的核心内涵和营造节日氛围，同时方便后续的海报排版设计。

为了将一家人齐聚一堂的场景置于画面中心，海报可采用“中心构图”，不仅能够突出家庭团聚的主题，还能使画面更加平衡和稳定，有利于后期设计海报时将海报标题字配于画面上方。

另外“灯笼”“烟火”“对联”“剪纸”等视觉元素也需要构图布局，比如在右侧配以高挂的红灯笼和烟火照亮夜空，在左侧点缀春联和窗花，这些传统元素的加入，既可丰富画面的内容，又可进一步强化春节的文化特色。

DeepSeek 针对视觉元素的构图布局给出的迭代建议如图 5-21 所示。

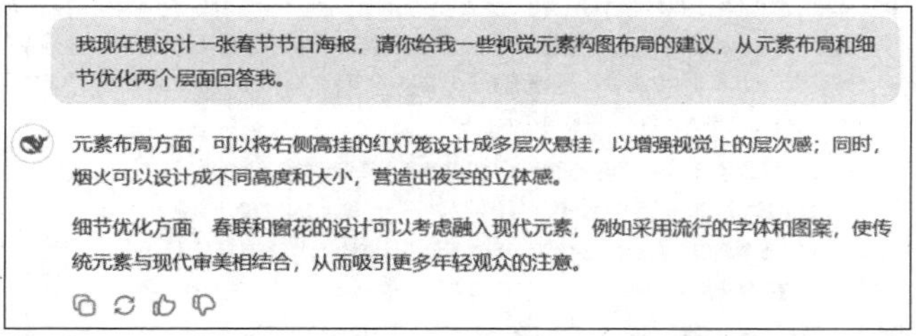

我现在想设计一张春节节日海报，请你给我一些视觉元素构图布局的建议，从元素布局和细节优化两个层面回答我。

元素布局方面，可以将右侧高挂的红灯笼设计成多层次悬挂，以增强视觉上的层次感；同时，烟火可以设计成不同高度和大小，营造出夜空的立体感。

细节优化方面，春联和窗花的设计可以考虑融入现代元素，例如采用流行的字体和图案，使传统元素与现代审美相结合，从而吸引更多年轻观众的注意。

图 5-21 DeepSeek 针对视觉元素的构图布局给出的迭代建议

通过以上 DeepSeek 的辅助迭代和优化，春节节日海报的构图将更加生动、富有层次感，也能更好地传达春节的文化内涵和营造节日氛围。

整合 DeepSeek 的建议，提炼出的构图布局提示词如下所示。

> 中心构图，展示全家欢聚一堂场景，右侧配以高挂的红灯笼和烟火照亮夜空，左侧点缀春联和窗花。

4. 强调细节，确认规格

到了这一步，提示词的主要内容基本已确立到位，只差最后的细节与规格设计。

在海报设计排版领域有许多专业术语，这时可根据实际需求应用在提示词的细节中。考虑到这一幅春节节日海报要素较为丰富，内容较为繁杂，可以通过“元素分布协调”“主体突出”这样的专业用语，确保生成的春节节日海报画面不会杂乱无章。

节日海报通常为固定比例的竖图，这样容易展示全部信息。可以选择 9 ： 16 的经典竖图比例。

细节提示词如下所示。

> 元素分布协调、主体突出，9 ∶ 16的比例。

以上步骤从主题内容、风格手法、构图、细节规格四大方面明确了一张节日海报的提示词，将其整合起来，就得到了一份完整、详实的图像生成提示词，如下所示。

> 春节，家庭团聚，欢乐气氛，红色背景，烟火，灯笼，对联，剪纸艺术；中国风插画风格，融入现代平面设计，使用温暖而鲜艳的色调，高清色彩；中心构图，展示全家欢聚一堂场景，右侧配以高挂的红灯笼和烟火照亮夜空，左侧点缀春联和窗花；元素分布协调，主体突出，9 ∶ 16的比例。

根据提示词，文心一格生成的春节节日海报如图5-22所示。

5. 修改迭代

从图5-22中可以看到生成的海报内容基本符合提示词的描述。在最后的修改迭代阶段，用户可以挑选较为满意的海报内容进行二次编辑。以文心一格为例，其图像编辑功能如图5-23所示。

图5-22 文心一格生成的春节节日海报

图5-23 文心一格的图像编辑功能

选择“图片扩展”功能，可以对已有图像指定延伸方向进行画面扩展延伸，生成更大的图片。对于图 5-23 所示图像，选择“图片扩展”功能，能留出更多空间，方便后续加入海报文字元素。扩展后的海报如图 5-24 所示。

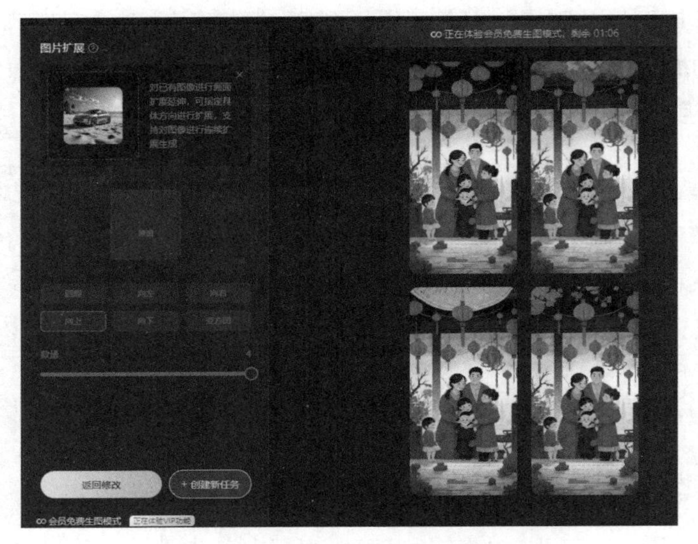

图 5-24　扩展后的海报

以上便是生成春节节日海报的全部流程，利用 AI 工具进行春节节日海报的设计与生成，能够大大节省设计成本和时间。一张富有创意和节日氛围的海报可以更好地传递节日的喜悦和祝福。

Part 6

DeepSeek 与音乐类 AI 工具结合实操技巧

音乐是一种跨越语言、文化和国界的全球性艺术形式，由声音和时间组织成有节奏、旋律、和声的结构。它能触动人的感情，传达思想和文化，对人类具有深远意义。

在音乐领域同样有表现亮眼的 AI 工具，它们能辅助创作者生成旋律，还能通过智能学习算法理解和模拟不同风格、情感和节奏的音乐特点，极大地提升了音乐创作的灵活性和效率。这一切通过简单的指令输入或交互式界面即可完成。

在众多 AI 工具中，DeepSeek 以其强大的语言生成能力和情感理解技术，为音乐创作提供了独特的支持。虽然 DeepSeek 不直接生成音乐旋律，但它能够优化歌词，启发灵感。例如，DeepSeek 可以根据用户输入的主题、情感类型或特定风格，生成富有诗意且贴近生活的歌词。此外，它还能提供高质量的提示词，帮助创作者更精准地描述创作需求，从而与音乐类 AI 工具配合完成创作。

Part 6 探讨高效运用 DeepSeek 与音乐类 AI 工具来进行音乐创作与探索的实操技巧，如辅助确定音乐主题、明确音乐类型、调控音乐要素等，以及利用 AI 工具生成的音乐素材进行二次创作与打磨，最终创作出高质量且个性化的音乐作品。

1 音乐类 AI 工具介绍

音乐类 AI 工具是 AI 技术前沿的关键分支之一，凭借先进的音频算法与深度学习架构，能够精准捕捉并重构音乐的多种元素，包括旋律、和声、节奏乃至特定艺术家的风格特征，实现从无到有的音乐内容生成。当前，全球范围内涌现了众多能够自动生成音乐的先进工具，比如 TME Studio、网易天音、Suno AI 等。

TME Studio 与 DeepSeek

TME Studio 是腾讯音乐娱乐集团推出的智能化音乐创作平台，它结合了前沿的 AI 技术与音乐创作工具，可为用户提供从作词、作曲到编曲的全流程支持。TME Studio 的图标如图 6-1 所示。

图 6-1 TME Studio 的图标

用户可以通过 TME Studio 的 AI 功能，如音乐分离、MIR[1] 计算、辅助写词和智能曲谱生成，快速实现音乐创意的落地。特别是辅助写词功能，能够为创作者提供押韵词语和灵感启发，帮助突破创作瓶颈。结合 DeepSeek 强大的语言生成能力，用户可以更高效地生成高质量歌词，明确创作方向，进一步提升创作效率。

TME Studio 界面简洁，操作简单，适合从音乐新手到专业创作者的广泛用户群体。它不仅降低了创作门槛，还通过智能化工具为创作者提供了丰富的可能性。无论是专业音乐人还是初学者，都能通过这一平台迅速找到创作灵感

1 MIR，全称为 Music Information Retrieval，指音乐信息检索。

并完成音乐作品的制作。

网易天音与 DeepSeek

网易天音是由网易公司旗下的网易云音乐推出的一款一站式 AI 音乐创作工具，旨在通过先进的 AI 技术，帮助音乐爱好者、专业创作者甚至是完全没有音乐背景的普通用户便捷地进行音乐创作。网易天音的图标如图 6-2 所示。

图 6-2 网易天音的图标

用户可以先在 DeepSeek 中输入创作主题或情感描述，生成高质量的歌词文本，再将这些歌词导入网易天音进行作曲和编曲。在这一过程中，DeepSeek 能够为用户提供丰富的作词灵感，帮助用户突破创作瓶颈。

同时，网易天音提供了丰富的音乐类型选项，用户可以一键选取不同的音乐类型，让它依据选定的风格来完成更加专业的编曲工作。另外，网易天音也允许用户将音乐作品一键导出和分享至多个社交网络或音乐平台。这让更多的用户能够借助 AI 挖掘自身的音乐潜能，创造出独具特色的音乐作品。

Suno AI 与 DeepSeek

Suno AI 是一款基于 AI 技术打造的专业级音乐创作平台，利用前沿的深度学习模型和自然语言处理技术，为用户提供革命性的音乐生成工具。Suno AI 的图标如图 6-3 所示。

用户可以通过简单的文本输入，在 Suno AI 上表达自己的音乐构思。无论是某种情感色彩、特定的音乐流派、艺术家风格，还是具体的旋律走向，Suno AI 都能够智能解析相关提示词，并据此生成音乐片段或者完整的歌曲结构。用户通过与 DeepSeek 的交互，可以快速迭代和优化提示词，进一步提升 Suno AI 音乐生成的精准度与创意表达。此外，Suno AI 的独特之处还在于，无论是音乐行业的专业人士还是新手，都能通过这一工具迅速实现音乐创意的落地。Suno AI 的第 3 版尤其受到瞩目，这一版本因拥有优秀的创作能力和高度定制化的功能而吸引了大量用户。

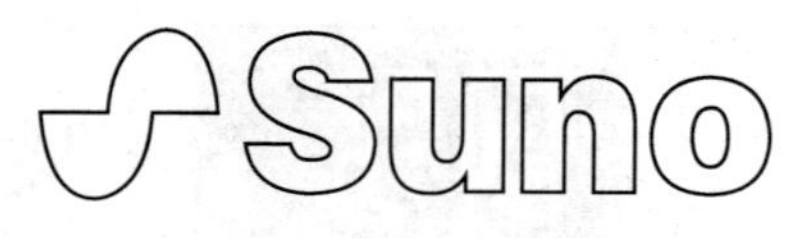

图 6-3 Suno AI 的图标

其他常见的音乐类 AI 工具

除了以上 3 款成熟的音乐生成工具，还有其他常见的音乐类 AI 工具可供选择，如表 6-1 所示。

表 6-1 其他常见的音乐类 AI 工具

工具名称	功能简介
ACE Studio	免费的 AI 音乐合成工具，让用户可以通过输入歌词和旋律来生成高度拟人化的歌声，提供实时合成和高品质输出功能，适合音乐爱好者和专业用户制作虚拟歌手歌曲
BGM 猫	在线背景音乐生成器，用户可以根据不同场景、风格和情绪标签，一键生成匹配的背景音乐，无须下载软件，即可在线完成定制化音乐制作，尤其适合视频制作、广告配乐等应用场景
SOUNDRAW	通过选择不同标签快速生成音乐，支持众多音乐流派、主题、音乐长度与旋律，提供免费无限次数的生成

这些工具的功能各有侧重，包括专业的音乐编曲、自动化的歌声合成以及便捷的背景音乐生成。众多功能都极大地增加了音乐表达的可能性，并降低了创作门槛，让音乐世界变得更加多元且触手可及。

2 DeepSeek 与音乐类 AI 工具结合的应用场景

音乐类 AI 工具的应用已深入音乐创作、教育、娱乐乃至专业制作等诸多领域，展现出前所未有的广阔前景。从智能编曲、生成歌词，再到 AI 歌手模拟真声演绎歌曲，音乐类 AI 工具不仅革新了传统工作模式，更带来了全新音乐应用场景。接下来，让我们一同探索音乐类 AI 工具如何在不同场景下解锁音乐创作的新维度。

DeepSeek 辅助音乐生成

AI 工具在音乐一键生成领域的应用，标志着音乐创作进入了一个极为高效且智能的时代。音乐类 AI 工具利用机器学习和深度学习等技术，通过分析海量音乐数据，学习不同音乐类型、旋律结构、和弦进程以及节奏模式，能够在用户输入特定指令、情感描述、关键词后，迅速生成全新的音乐片段或完整歌曲。

与此同时，DeepSeek 的接入为音乐创作带来新突破。用户输入创作主题或情感基调后，不仅能生成歌词，还能借助提示词功能为作曲提供旋律、和弦和节奏等灵感。这些内容可直接导入音乐生成平台，完成旋律创作和编曲，进一步降低创作门槛，使音乐创作更便捷高效。音乐生成的细分场景如表 6-2 所示。

表 6-2 音乐生成的细分场景

细分场景	功能描述
生成词曲编唱	自动创作歌词；AI 辅助作曲，生成旋律；编曲环节自动化，生成伴奏；合成歌声，无须真人演唱
生成纯音乐	根据用户指定的风格、情绪、速度等参数，自动生成无歌词的完整音乐作品
根据歌词生成歌曲	用户输入歌词文本，音乐类 AI 工具基于歌词内容和上下文生成相应的旋律和编曲

以上各场景体现了音乐类 AI 工具在不同维度上的应用，这使得音乐创作变得更加灵活和普遍。无论是词曲一体化创作，还是专注于纯音乐的生成，或是依据歌词创作完整的歌曲，都变得更加便捷、高效。

图 6-4 所示为 Suno AI 的音乐生成界面，可以看到该工具支持用户输入自己的歌词、选择音乐风格、修改音乐标题名称，以此生成完整音乐。

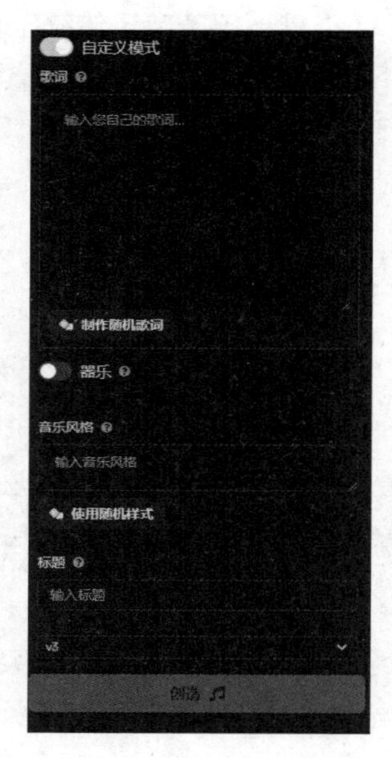

图 6-4　Suno AI 的音乐生成界面

音乐编辑

音乐编辑是一种利用 AI 技术帮助音乐创作者优化、完善、调整音乐作品的过程。这类 AI 工具能够智能分析音频素材，识别音乐结构，并提供自动化或半自动化的编辑建议，也可以直接对音乐元素（如旋律、和弦、节奏、混音效果等）进行修改或生成新的创意部分。

使用音乐编辑功能需要一定的乐理知识，因此更适合有音乐基础的创作者。以网易天音为例，其为音乐创作者提供的音乐编辑功能如表 6-3 所示。

表 6-3　音乐编辑功能

功能	描述
自由创作	手动谱曲，个性化和弦编排，选择风格生成编曲作品
基于曲谱创作	海量经典曲谱直接导入，快速生成编曲
上传作曲	上传 MIDI，AI 工具基于 MIDI 匹配生成可编辑的编曲

注：乐器数字接口（Music Instrument Digital Interface，MIDI）是指一组能表示音乐参数的代码，用于让计算机理解各类音乐参数。

这些功能使得音乐创作者能借助音乐类 AI 工具实现高效的音乐编辑和创作，快速将自己的音乐想法落地。用户可以登录网易天音的网站后在线体验这些功能。图 6-5 展示了网易天音的音乐编辑功能界面。

图 6-5　网易天音的音乐编辑功能界面

对普通用户来说，如何通过提示词快速生成想要的音乐更值得深入学习。接下来将进一步探讨音乐类 AI 工具提示词的设计。

3　DeepSeek 用于音乐生成的提示词设计步骤

提示词的设计不仅是生成文字、图像、图表等内容的关键，也是影响音乐生成质量的核心要素。音乐包括旋律、节奏、歌词、乐器等要素，音乐提示词同样由许多要素组成。

理解并掌握音乐类 AI 工具提示词设计的原则与方法能帮助用户有效组合各类要素，促进 AI 工具更准确地捕捉音乐的风格、情感和结构特征，从而实现从提示词到优美音乐的转化。

音乐类 AI 工具提示词公式如图 6-6 所示。

图 6-6 音乐类 AI 工具提示词公式

在实际操作中，音乐提示词的编写对部分用户来说有一定门槛。为了降低用户的使用难度，可以使用 DeepSeek 辅助生成音乐提示词。用户只需输入简单的关键词或描述性语言，DeepSeek 即可根据其需求，自动生成结构完整、要素清晰的音乐提示词。例如，根据主题“轻快的早晨”，DeepSeek 可以辅助生成音乐提示词，如图 6-7 所示。

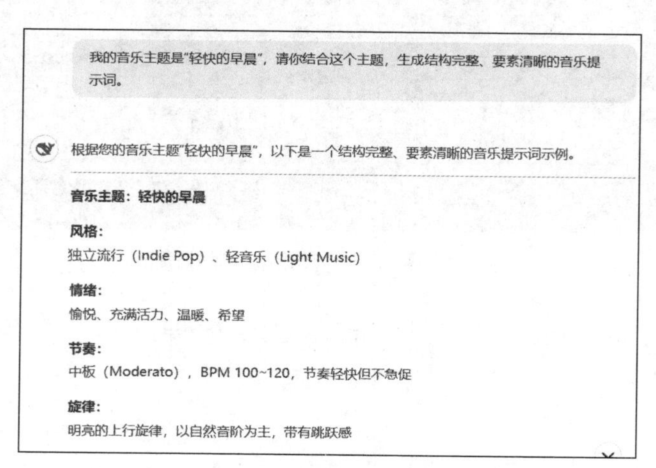

图 6-7 DeepSeek 辅助生成音乐提示词

注：BPM，全称为 Beat Per Minute，指每分钟节拍数，是衡量音乐节拍速度的重要单位。

通过这种方式，DeepSeek 不仅可以简化提示词的编写过程，还能帮助用户更精准地表达音乐构思，从而提升音乐生成的质量与效率。

DeepSeek 辅助确定音乐主题

在专业的音乐创作领域中，“音乐主题”是一个术语，指在一部音乐作品中反复出现并构成其基本结构核心的一段旋律、和声进程或者节奏模式。但对使用音乐类 AI 工具快速生成内容的普通用户来说，这里所说的“音乐主题”指歌曲的主要内容，可以包括自然事物、日常事物、行为活动等，比如月亮、旅行、夕阳、远山、星空、梦想等。

灵感词汇和音乐生成时的主题高度相关，也会直接影响音乐的情感基调甚至是歌词内容。通过 DeepSeek 的智能辅助功能，用户可以快速将这些灵感词汇转化为高质量的音乐主题提示词，如通过“一首关于月亮的歌”这样的提示词生成的音乐可能会比较静谧、朦胧、温柔。这种高效的创作方式不仅降低了音乐创作的门槛，还为用户提供了更多创意表达的可能。利用 DeepSeek 辅助确定音乐主题如图 6-8 所示。

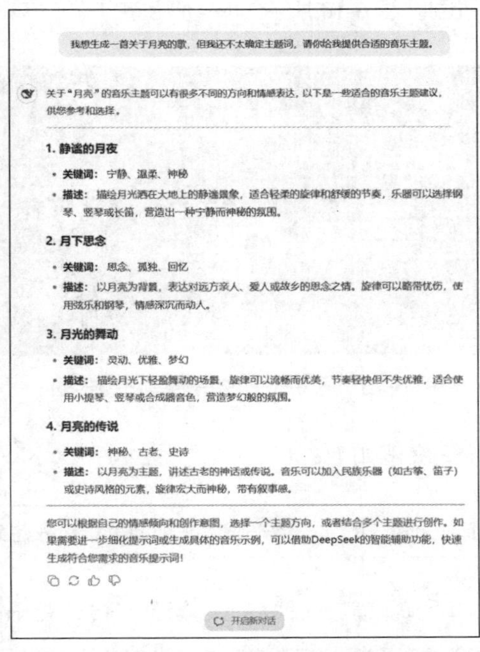

图 6-8 利用 DeepSeek 辅助确定音乐主题

除了能用 DeepSeek 辅助生成音乐主题，用户还可以借助音乐类 AI 工具进一步优化歌词和实现音乐创作。以网易天音为例，该平台会为用户提供一系列关键词灵感，用户可选择一定数量的关键词以辅助生成歌词和音乐。图 6-9 所示为网易天音的关键词灵感界面。

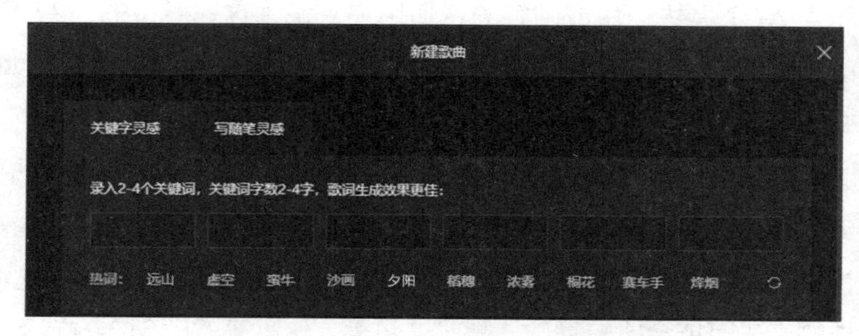

图 6-9　网易天音的关键词灵感界面

除了碎片化的灵感词汇，网易天音还支持输入更长的随笔灵感，通过场景化的文字描述营造氛围。图 6-10 所示为网易天音的写随笔灵感界面。

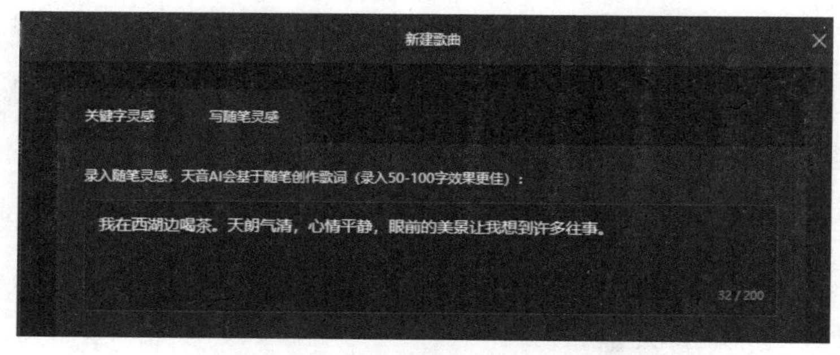

图 6-10　网易天音的写随笔灵感界面

随笔灵感的提示词案例如下。

> 我在西湖边喝茶。天朗气清，心情平静，眼前的美景让我想到许多往事。

以上案例是通过营造场景与一种特定的氛围来传达音乐情绪的，这样的情感、情绪与灵感都可为音乐类 AI 工具生成旋律与歌词提供依据。

明确音乐类型与音乐情感

对人类来说，音乐是一种传达心情与感受的重要艺术形式，最能体现音乐情绪倾向的是其类型与情感。有关音乐类型和情感倾向的是非常重要的提示词，可直接左右生成内容的最终呈现状态。

1. 音乐类型

听一首歌，人们往往会率先注意音乐类型。类型是音乐的灵魂，不同的类型会给我们带来不同的感受。

在音乐生成领域中，精确描绘音乐类型（如古典、摇滚、爵士、电子、民族等）是重中之重。确定了音乐类型，才便于音乐类AI工具有针对性地借鉴相应风格元素。音乐发展至今，形成了丰富多彩的类型，可以说，熟悉这些音乐类型术语是设计提示词的前提。

常见音乐类型如表6-4所示。

表6-4 常见音乐类型

类型	简介	适用领域
古典音乐	源于欧洲的传统音乐流派，包括巴洛克、古典和浪漫主义等时期的音乐。特点为系统、经典和严肃	音乐会、音乐节、电影配乐、舞蹈、戏剧、学术研究等
摇滚音乐	20世纪50年代起源于美国，以强劲的节奏、电吉他使用、反叛精神等为主要特点	演唱会、音乐节、电影配乐、电视广告、商业推广等
爵士音乐	源自非洲和欧洲音乐的融合，以即兴演奏、复杂和声和节奏、蓝调情感为特色	音乐会、酒吧、咖啡厅、电影配乐、舞蹈表演等
电子音乐	使用电子合成器和计算机创作的音乐，包括浩室舞曲、迷幻舞曲等子流派	舞会、音乐节、电影配乐、游戏配乐、广告配乐等
民族音乐	体现特定民族文化和传统的音乐，可以是广义的浪漫主义中后期乐派或狭义的中国民族音乐	文化活动、音乐节、电影配乐、旅游推广、学术研究等
民谣音乐	相对商业化音乐而言，强调歌曲中的信息和情感传递	演唱会、音乐节、电影配乐、纪录片、学术研究等

续表

类型	简介	适用领域
国风音乐	以中国传统音乐为基础，结合流行音乐元素，体现古风文化和美学	游戏配乐、电影配乐、文化活动、广告配乐、社交媒体等

每种音乐类型都有其丰富的子流派和变体，而且音乐类型的适用领域也常常交叉、重叠。在实际应用中，我们可以根据具体需求和情境，结合这些音乐类型的元素和特色，进行灵活借鉴和选择。

许多音乐类 AI 工具也会为用户提供选择音乐类型的功能界面。网易天音的音乐类型选项如图 6-11 所示。

图 6-11　网易天音的音乐类型选项

2. 音乐情感

音乐是传达情感与情绪的重要媒介，这一点也体现在提示词的设计中，这一类提示词可以被称为“情感词汇”。

情感词汇指直接点明心情、情绪与感情倾向的词语，如快乐、悲伤、激动、宁静、浪漫等。

在提示词里加入情感词汇，可使音乐类 AI 工具模拟对应情感氛围的音乐主题。用户需要根据不同的场景挑选不同倾向的情感词汇。部分情感词汇分类如表 6-5 所示。

表 6-5　部分情感词汇分类

情绪类型	示例
积极 / 正向情绪	快乐、愉快、兴奋、欢喜、乐观、自豪、自信、热爱、幸福、愉悦、陶醉、惊喜、感恩、满足、欣慰、鼓舞、激励、希望、憧憬、向往
消极 / 负向情绪	悲伤、忧郁、沮丧、绝望、痛苦、懊悔、愤怒、恐惧、焦虑、紧张、压抑、孤独、失落、嫉妒、仇恨、悲观、无助、迷茫、厌倦、烦躁

续表

情绪类型	示例
中性 / 平衡情绪	宁静、淡然、平和、沉稳、冷静、稳定、沉默、自在、放松、安心、无所谓、麻木、接纳、包容、释然
特殊 / 复杂情绪	怀旧、浪漫、尴尬、矛盾、纠结、挣扎、惋惜、惆怅、悲喜交加、爱恨交织、无奈、犹豫不决、患得患失

音乐类 AI 工具 SOUNDRAW 就在生成音乐时提供了许多情感词汇，有助于用户匹配自己的心情和需求，如图 6-12 所示。

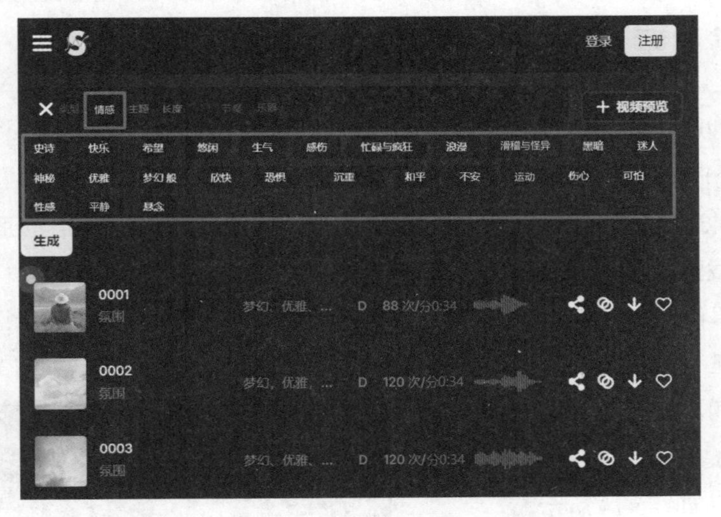

图 6-12　SOUNDRAW 的情感词汇选择界面

调控音乐要素

音乐通常包含多个要素，如速度、旋律、节奏、和声、音色和歌曲段落等。这些要素相互作用，共同构成了丰富多彩的音乐世界。在音乐类 AI 工具领域同样可以自主调试这些要素，让音乐生成更专业、更完美。

下面将介绍部分可调控的音乐要素，可供用户使用音乐类 AI 工具时参考。

1. 速度

部分音乐类 AI 工具允许用户选择或自定义不同的节奏型与节拍速度（单

位为 BPM），以确保音乐的律动恰到好处。一般来讲，不同的节拍速度对应着不同的音乐情绪和应用场景，具体对应效果大致如下。

（1）**慢速（60～90BPM）**

这种速度常常出现在慢歌、古典音乐的部分章节，以及一些轻松的背景音乐中，营造出宁静、深沉或浪漫的氛围。

（2）**中速（90～120BPM）**

这是许多流行歌曲、摇滚乐、R&B（节奏布鲁斯）和民谣的标准速度范围，适合日常活动和一般舞蹈场合，例如恰恰、华尔兹等舞曲的常用节拍速度就在这个区间内。

（3）**快速（120～150BPM）**

这种速度常出现在快节奏的舞曲和流行音乐中。

（4）**高速（>160BPM）**

这种速度在电子舞曲的一些子流派中较为常见，它们能制造出极强的能量感和引发紧张刺激的情绪。

在具体的使用场景中，用户可在提示词中自主加入节拍速度提示词，或通过平台工具的功能界面进行调整。Suno AI 的节拍速度提示词如图 6-13 所示。

而网易天音则在选择编曲风格界面提供了许多不同的节拍速度类型，如图 6-14 所示。

图 6-13 Suno AI 的节拍速度提示词

2. 音色

音乐类 AI 工具能提供多样化的虚拟音色库，包括虚拟歌手人声与乐器，让用户选择合适的声音。Suno AI 等平台支持用户在提示词中指定人声与乐器声，其提示词示例如下。

- 20 世纪 80 年代风格、合成波、后朋克、女声、140BPM、和声。
- 冷酷、电子和弦、女声。
- 俱乐部舞蹈、合成流行音乐、小提琴、钢琴、电子。

而网易天音则直接为用户提供了歌手类型选择界面，用户可根据歌曲主题与风格，选择不同类型的虚拟歌手。图 6-15 所示为网易天音的切换歌手界面。

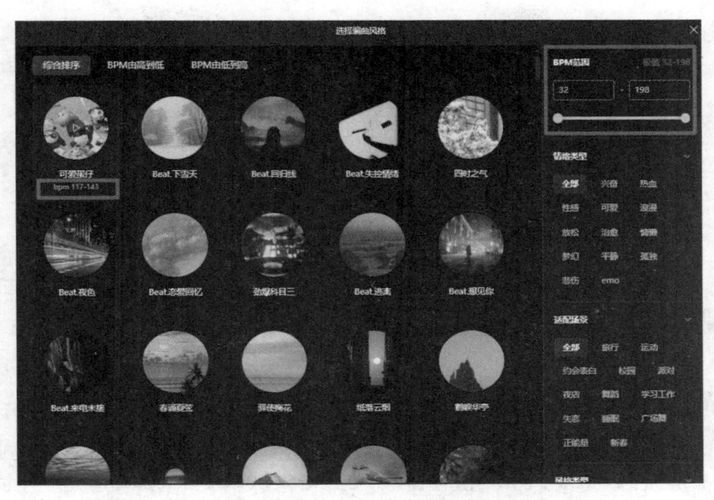

图 6-14 网易天音的选择编曲风格界面

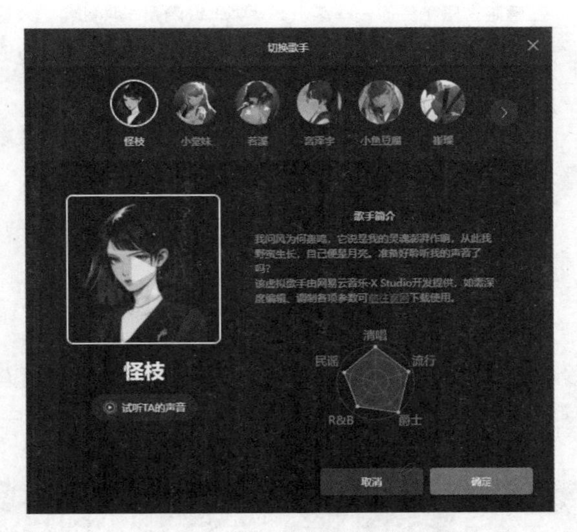

图 6-15 网易天音的切换歌手界面

3. 歌曲段落结构

歌曲有段落之分。对于歌曲创作，音乐类 AI 工具可以帮助用户按照特定的诗歌格律或流行歌曲的常见结构（如前奏—主歌—副歌等）生成歌曲内容。而用户可以主动控制歌曲段落结构，也可以对音乐类 AI 工具生成的歌曲段落结构进行修改和完善，实现个性化定制。常见的歌曲段落结构如图 6-16 所示。

- **前奏**：歌曲开始的部分，用来引出歌曲的主题和情感基调，通常由乐器演奏或人声哼唱
- **主歌**：歌曲的主要叙事部分，用于讲述故事、表达情感或展开歌曲主题
- **预备副歌**：可选部分，位于主歌和副歌之间，用于过渡和铺垫，提升情绪，使得从主歌过渡到副歌更为流畅自然
- **副歌/高潮**：歌曲中最易记忆、旋律最强的部分，通常包含歌曲的核心主题和最具代表性的旋律。副歌往往在歌曲中重复出现多次，起到强调和统一全曲的作用
- **间奏**：歌曲中不同段落间的过渡部分，通常由乐器演奏，用于衔接主歌、副歌或桥段。间奏的作用是凸显音乐变化和情绪缓冲，增强歌曲层次感，长度和风格可灵活调整
- **说唱**：在嘻哈音乐和其他一些音乐类型中，说唱是一种独特的表达方式，它可以作为主歌的一部分，也可以替代副歌或独立成段。说唱部分的特点在于节奏性强和歌词密集传达
- **桥段/过门**：歌曲主体部分（主歌和副歌）的转折，通常具有不同于主歌和副歌的旋律和和声，用于扩展歌曲的多样性并推动歌曲发展至新的阶段
- **尾声/结束**：歌曲的结束部分，可以是对整首歌的总结，或者是逐渐减弱直至消失的音乐段落

图 6-16 常见的歌曲段落结构

以上歌曲段落结构都可自主调节编撰。网易天音的歌曲段落结构编辑界面如图 6-17 所示。

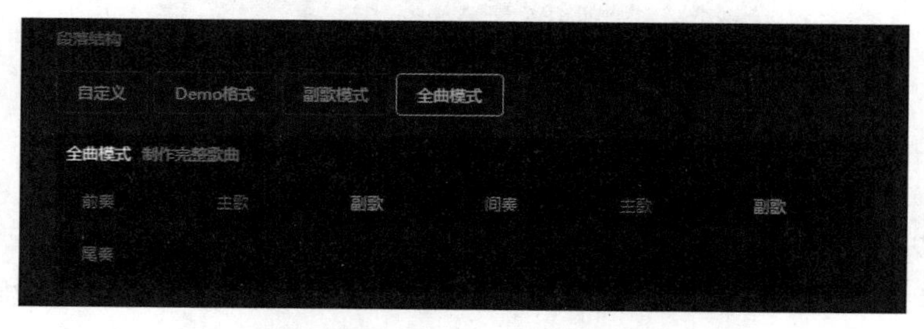

图 6-17 网易天音的歌曲段落结构编辑界面

4 应用案例：DeepSeek 辅助生成视频插曲

现代社会，音乐被广泛应用于各行各业的各种领域，如电影电视、游戏艺术、广告推广、商业活动、音乐教育……音乐是传达感情、烘托氛围的重要媒介，在影视行业同样如此。在短视频快速发展的今天，独特的视频配乐有利于提高作品质量，吸引观众注意。

有了音乐生成技术，人们对音乐的需求能被轻松满足。这里以下面的需求场景为例，分析如何设计音乐生成提示词，并利用音乐类 AI 工具获得优质音乐。

> 某风景美学视频号的内容以亲切、温和、文艺闻名。最近，该视频号制作了一条主题为“赏月”的短视频，并且需要为短视频配上一首带歌词的插曲。

1. 分析场景，确定主题关键词

案例场景中，一条以“赏月”为主题的短视频需要插曲，我们很容易从中确定音乐的核心主题。可以将“月亮”作为主题关键词，作为丰富提示词的核心起点；或者借助 DeepSeek 快速生成与主题相关的提示词。

利用 DeepSeek 辅助生成相关提示词，如图 6-18 所示。

2. 构建情境与故事线索

围绕主题关键词，让 DeepSeek 充分发挥联想能力，构建相关情境或故事线索，能进一步丰富提示词的内容。例如根据“月亮”一词，DeepSeek 能联想到“寂静深夜的皎洁月光下，一个人遥望星空的思念之情”等情境。这些联想和情境为音乐创作提供了灵感，帮助生成旋律和编曲，使音乐创作更便捷高效。

利用 DeepSeek 辅助构建情境与故事，如图 6-19 所示。

和赏月相关的音乐主题词

以下是一些与“赏月”相关的音乐主题词，涵盖情感、场景、风格等多个维度，帮助您构建丰富的音乐创作灵感。

1. 情感类主题词

- **思念：** 月光下的思念之情，适合表达对亲人、爱人或故乡的怀念。
- **宁静：** 赏月时的内心平静与安宁，适合轻柔舒缓的音乐风格。
- **浪漫：** 月光下的浪漫氛围，适合表达爱情或美好情感。
- **孤独：** 独自赏月时的孤寂感，适合深沉而富有情感的音乐。
- **希望：** 月光象征着希望与光明，适合积极向上的旋律。

2. 场景类主题词

- **月下独行：** 一个人在月光下漫步，适合描绘静谧的夜晚。
- **月下重逢：** 两个人在月光下相遇，适合表达情感的升温与交织。
- **月夜湖畔：** 月光洒在湖面上，适合描绘宁静而美丽的自然景象。
- **月下竹林：** 月光穿过竹林，适合营造神秘而幽静的氛围。
- **月夜山间：** 月光照亮山间小路，适合描绘壮丽而宁静的自然风光。

3. 风格类主题词

- **古风：** 以月亮为主题的古风音乐，适合使用古筝、笛子等传统乐器。
- **轻音乐：** 轻柔舒缓的旋律，适合表达赏月时的宁静与美好。
- **新世纪音乐：** 空灵而富有画面感的音乐风格，适合描绘月光下的自然景象。
- **民谣：** 以月亮为背景的民谣风格，适合讲述故事或表达情感。
- **电子音乐：** 结合月光主题的电子音乐，适合营造梦幻或未来感。

通过以上主题词，您可以根据自己的创作需求选择合适的元素，并结合DeepSeek的智能辅助功能，进一步细化提示词，生成符合情感基调、节奏和乐器选择的音乐作品。

开启新对话

图 6-18 利用 DeepSeek 辅助生成相关提示词

围绕核心关键词“月亮”，通过充分发挥联想能力，可以构建丰富的情境背景和故事情节，从而进一步扩展提示词的内容。 以下是结合“月亮”主题的情境联想与故事线索。

1. 情境背景联想

- **寂静深夜的皎洁月光下，一个人遥望星空的思念之情**
  - **描述：** 深夜，月光洒在窗前，一个人独自站在阳台上，抬头仰望星空，心中涌起对远方亲人或爱人的思念。
  - **情感关键词：** 思念、孤独、宁静、回忆。
  - **场景关键词：** 深夜、星空、阳台、月光。
  - **音乐风格：** 轻柔的钢琴或吉他旋律，搭配弦乐铺垫，节奏缓慢而富有情感。

图 6-19 利用 DeepSeek 辅助构建情境与故事

3. 细化情感和风格

在这一步，我们要比关键词与情境更进一步，以音乐的具体要素为切入点，寻找情感与风格提示词。由于该视频号的定位为风景美学，风格也以亲切文艺为主，所以优先选择轻柔的音乐要素。可以描述月亮所唤起的情感色彩，比如宁静、神秘、浪漫、怀旧、思乡等；也可以设定音乐类型，例如古典、民谣等。

4. 确定音乐要素

通常来讲，通过上面的 3 个步骤，普通用户已经可以设计出一则相对完善的音乐提示词来生成音乐了。但如果对内容有着更高的要求，还可以进一步确定专业细节。

根据“月亮”歌曲的主题和风格倾向，可以从速度、音色等方面进行斟酌。

速度方面，该歌曲偏向温和轻柔，所以选择慢速（如节拍速度为 60BPM）。

音色方面，选择温柔的年轻女声，并加入钢琴配乐。

5. 整合信息，生成音乐

经过以上步骤，一首关于“月亮”的歌曲便有了丰富的信息内容，整理如下。

主题提示词：寂静深夜的皎洁月光下，一个人遥望星空的思念之情。

情感倾向：宁静、怀旧。

风格：民谣。

节拍速度：60BPM。

音色：温柔女声。

乐器：钢琴。

将以上信息填入音乐类 AI 工具，单击生成，就能获得结果。图 6-20 所示为网易天音的音乐生成界面，可以看到大部分信息都被填入界面中。

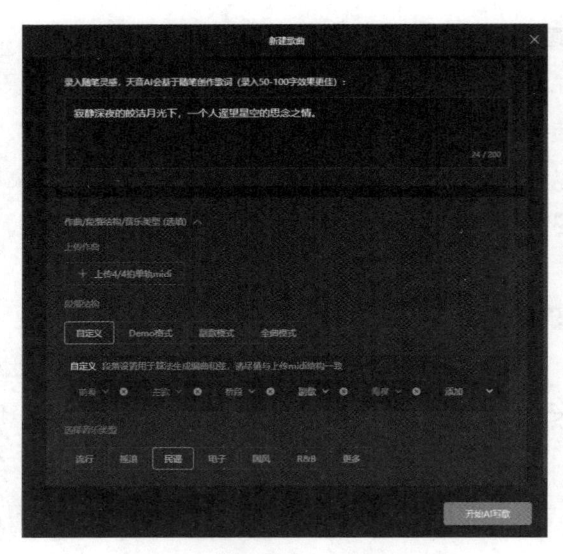

图 6-20　网易天音的音乐生成界面

单击“开始 AI 写歌”按钮，生成的词曲及其编辑界面如图 6-21 所示。

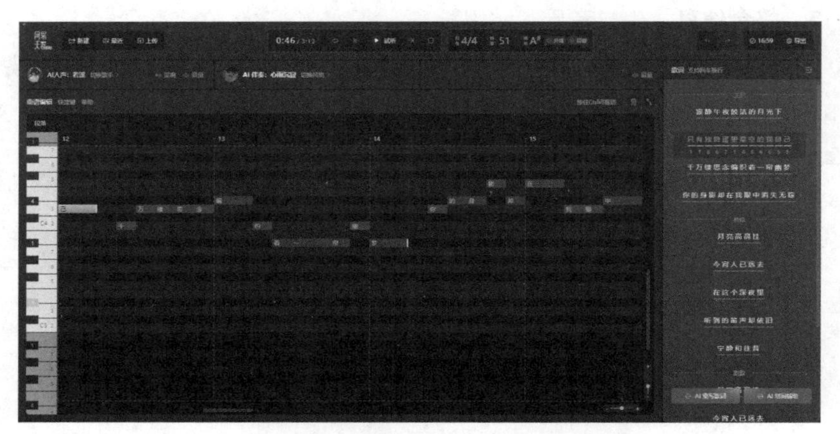

图 6-21　网易天音生成的词曲及其编辑界面

在这一编辑界面，可以调整人声、伴奏，修改歌词，甚至直接修改曲谱。经过细致的调整，即可得到一首有头有尾、质量不错的短视频插曲。

Part 7

DeepSeek 与视频类 AI 工具结合实操技巧

视频是一种视听结合的艺术形式，可通过画面、音效和情节等的编织，讲述丰富多彩的故事，传达深刻的思想和情感。在数字媒体时代，视频已成为人们生活中不可或缺的一部分。在娱乐、教育、信息传播方面，视频都发挥着重要的作用。

视频类 AI 工具能够辅助创作者高效编辑视频，包括数字人播报、文本配音、文本一键转视频等。另外，一些前沿的 AI 工具还可直接生成精美的视频画面。这些技术通过深度学习等算法，能快速理解并模拟不同风格、情感和节奏等视频特点。如果能结合 DeepSeek 高效解决常规内容卡点问题，再借助视频类 AI 工具，各大平台的创作者们将只需通过交互式界面的简单操作，即可快速产出高质量视频，极大地丰富视频创作的可能性，提高制作效率。

Part 7 将深入探讨如何借助 DeepSeek 与视频类 AI 工具的强大能力进行视频制作，以帮助大家打造出高质量且个性化的视频。无论是初学者还是经验丰富的视频创作者，都能从 Part 7 的实操技巧中获益匪浅。

1 视频类 AI 工具介绍

视频类 AI 工具是 AI 技术领域的璀璨新星，它们借助前沿的视觉算法和深度学习算法，能够精准解析视频的复杂元素，支持数字人播报、一键视频剪辑、视频生成等实用功能。当前，全球范围内已经涌现出众多能够自动生成高质量视频内容的前沿工具，如 Sora、可灵 AI、即梦 AI、元镜等。将视频类 AI 工具与 DeepSeek 巧妙结合，不仅可提升视频创作的效率，更可为创作者们提供全新的艺术表达手段，让视频创作进入全新的智能时代。

Sora 与 DeepSeek

Sora 是由 OpenAI 研发的一款开创性视频类生成工具，它的出现标志着 AI 技术在视频内容创作领域的重大突破。Sora 自发布以来，以其独特的功能特性与强大的生成能力，引发了全球科技界与各行业用户的广泛关注与热烈讨论。

Sora 是一款基于文本描述生成视频的 AI 工具，首次实现了世界模型（World Model）特质，即能够理解并模拟现实世界的复杂交互与物理规律。不同于传统的视频合成工具，创作者可以使用 DeepSeek 生成并打磨好详细的视频文本描述或故事脚本后，使用 Sora 根据文本脚本生成连贯、多镜头的视频内容，真正实现文字一键输出视频画面。无论是复杂的场景布置、角色动作、对话内容还是特定的情感氛围，Sora 都能够精准理解和细腻呈现，极大地降低了视频创作的技术门槛和时间成本。

另外，Sora 生成的视频可精确再现物体间的动态关系、光影效果以及环境变化等高度拟真的细节，其生成质量达到相当高的高度，为用户带来前所未有的视频创作体验。图 7-1 所示为 Sora 生成视频的示例。

Sora 生成的视频长度一般可达 1 分钟左右。其他视频生成工具如 Runway、Stable Video 等，目前仅支持生成数秒的视频。

图 7-1 Sora 生成视频的示例

可灵 AI 与 DeepSeek

可灵 AI 是由快手 AI 团队自主研发的视频生成大模型。它可以通过先进的人工智能技术生成高分辨率、高真实感的视频内容，支持多种创作场景，如影视、广告、社交和电商等，成为内容创作领域的颠覆性工具。可灵 AI 操作界面如图 7-2 所示。

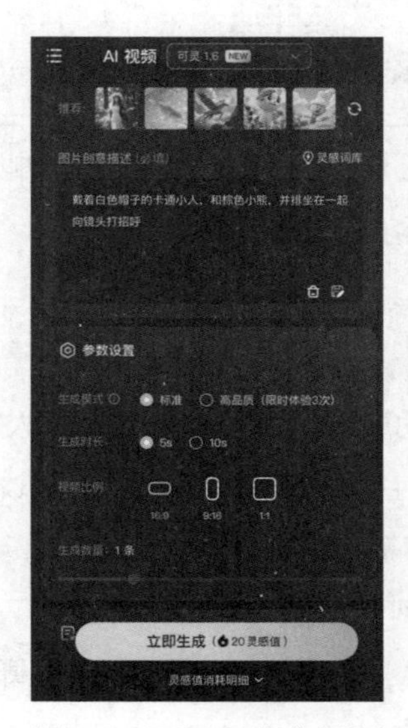

图 7-2 可灵 AI 操作界面

DeepSeek 作为多模态 AI 大模型领域的“超级智囊”，拥有强大的自然语言处理与推理能力，可以在视频生成的过程中提供支持，例如 DeepSeek 能够基于用户的简单描述，通过深度推理生成完整的视频创意策划与脚本。例如输入“请帮我写一则可乐视频广告的脚本，视频时长 15 秒”，DeepSeek 可以输出包含分镜描述、镜头语言等关键信息的详细脚本，如图 7-3 所示。

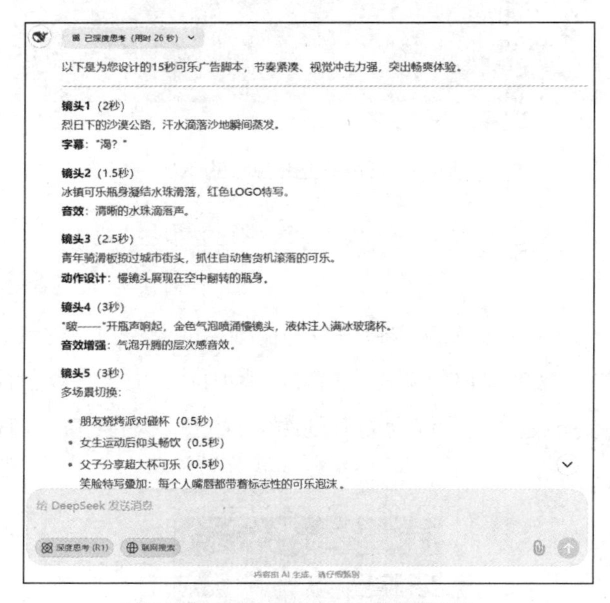

图 7-3　DeepSeek 生成视频脚本

▌即梦 AI 与 DeepSeek

即梦 AI 是由字节跳动旗下剪映推出的生成式人工智能创作平台，支持通过自然语言及图片输入，生成高质量的图像及视频。其视频生成功能依托自研的豆包模型，支持高效、高质量的内容创作。

即梦 AI 提供多样化创作工具，包括智能画布、故事创作模式、首尾帧、对口型、运镜控制、速度控制等 AI 编辑能力。即梦 AI 操作界面如图 7-4 所示。

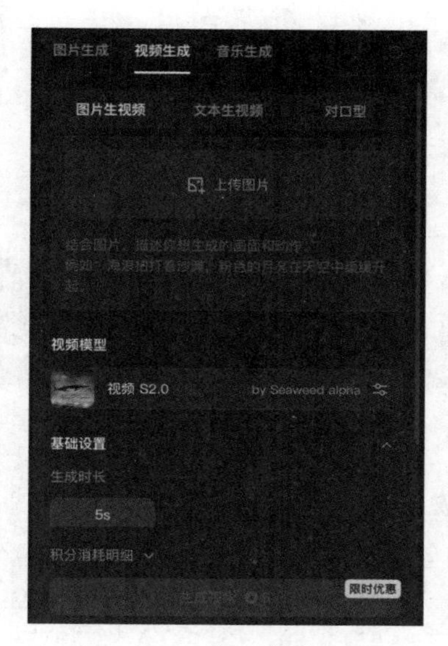

图 7-4　即梦 AI 操作界面

DeepSeek 可以在即梦 AI 视频生成的全流程中提供创意策划、脚本优化、多语言适配等支持。

元镜与 DeepSeek

元镜是基于人机共生引擎的 AI 视频创作工具，通过创意视频脚本生成、多模态创意分镜设计、分镜一键成片等，可实现从创意灵感到成品视频的全流程智能化生产。元镜官网主页如图 7-5 所示。

其核心价值在于将专业影视制作流程标准化，同时保留个性化创作空间，支持短视频、广告、影视、教育等领域的创作者提升效率。

区别于传统工具的线性创作模式，元镜通过“生成脚本—角色设定—分镜设计——键成片”的闭环系统，将视频制作周期大幅压缩，节省用户时间和精力。在使用过程中，用户只需输入创意关键词，就能自动生成包含分镜脚本、特效方案、背景音乐的完整视频方案。将生成的脚本文案结合 DeepSeek 进行优化打磨，还能有效提升对“网络热梗”的识别准确率。

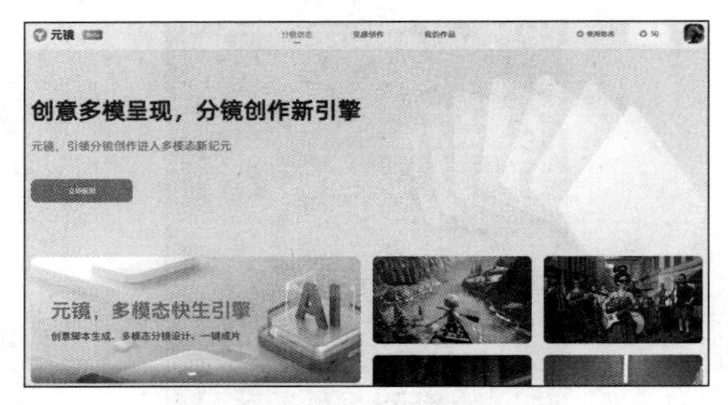

图 7-5　元镜官网主页

1. 元镜核心功能说明

元镜的核心功能有创意视频脚本生成、多模态创意分镜设计和分镜一键成片，如图 7-6 所示。

- **创意视频脚本生成**：从灵感的火花开始，快速产出脚本。支持角色定制与创意扩写，无论是15秒、30秒还是1分钟的短视频，它都能轻松应对，显著提高创作效率
- **多模态创意分镜设计**：提供全面的分镜设计服务，能生成分镜图、视频和音乐，确保视频在风格和情感上保持高度统一，增强内容的连贯性与表现力
- **分镜一键成片**：自动合成多个分镜视频，智能补全视频内容，还支持字幕与旁白生成，真正实现快速成片，优化了整个创作流程

图 7-6　元镜核心功能说明

2. 元镜与 DeepSeek 结合的具体使用流程

步骤 1：登录与需求提交。

访问元镜官网，单击“立即使用”按钮，如图 7-7 所示，通过手机号验证注册。注册并登录成功后进入创作界面，可直接提交创作需求，如图 7-8 所示。

基础提示词示例如下。

> 哪吒三头六臂机械体，踩着风火轮无人机，在东京涩谷街头卖糖葫芦，在海底数据中心打架子鼓，神话与都市荒诞感。

图 7-7　单击“立即使用”按钮

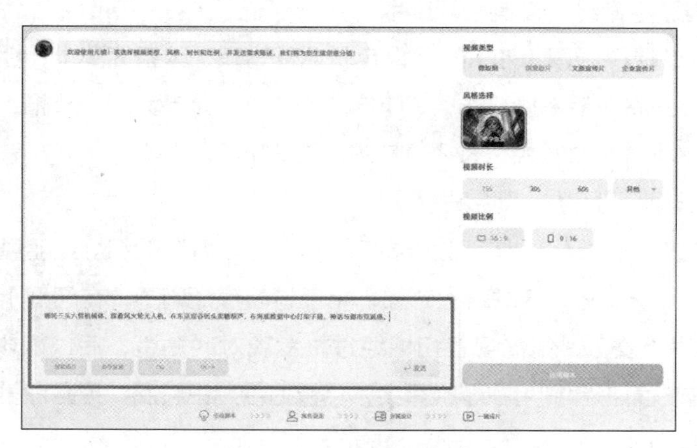

图 7-8　提交创作需求

步骤 2：脚本生成与优化。

这一步可利用 DeepSeek 优化提示词。

基于同样的提示词，使用不同 AI 工具，会得到不同质量的文案结果。例如提示词为“写个脚本，主要内容是过年期间，吃喝玩乐很开心的小猫小狗的生活。包含角色设定、场景描述。字数在 400 字左右即可。”。

其他 AI 工具写出的脚本

《 萌宠过大年 》

[角色设定] 小猫咪（ 调皮活泼 ）、小狗狗（ 憨厚可爱 ）、家庭成员。

[镜头] 中景，轻微摇摄。

（ 场景一 ）

场景描述：温馨明亮的家庭客厅，阳光透过窗帘洒落，红色春联和喜庆装饰点缀整个空间，营造出浓浓的节日氛围。

（ 场景二 ）

场景描述：家人正在准备丰盛的年夜饭，小猫和小狗坐在厨台边，好奇地观察着各种美味佳肴的制作过程。偶尔有食材掉落，两个小家伙立刻争先恐后地抢夺。

DeepSeek 写出的脚本

《 萌宠新春奇缘 》动画短片脚本

[角色设定] 汤圆（ 小猫 ）：白色长毛鸳鸯眼，脖系红围巾，性格活泼好动，总用尾巴卷着毛笔搞恶作剧。年糕（ 小狗 ）：金毛犬戴虎头帽，尾巴系着铜钱结，憨厚贪吃力气大，总叼着骨头造型的玩具。

（ 场景：腊月廿八 · 小院贴福 ）

[全景镜头] 青瓦屋檐下挂着冰凌，贴着倒“福”的红灯笼随风摇晃。

[近景] 汤圆叼着春联跃上竹梯，尾巴卷着糨糊刷子，在门框上歪歪扭扭贴出“岁岁平安”。年糕叼着扫把经过，发现对联贴歪，后退两步“汪呜”抗议。汤圆故意把糨糊甩在年糕鼻尖，年糕追着尾巴转圈，撞翻笸箩，红纸屑与坚果滚落满地。

可以发现，DeepSeek 提供的脚本，对画面的描述明显更为丰富细致。

另外，还可以调用 DeepSeek 联网功能，基于热梗生成包含分镜脚本、角色设定及场景描述的方案，如图 7-9 所示，再将打磨后的脚本文案作为提示词发送给元镜。

步骤 3：角色与分镜设计。

默认角色图由元镜生成，若需深化细节，可在角色设定页输入优化提示词，然后进行分镜脚本设计，如图 7-10 所示。

步骤 4：单击“去成片”按钮一键生成完整成片，收获高质量视频短片。

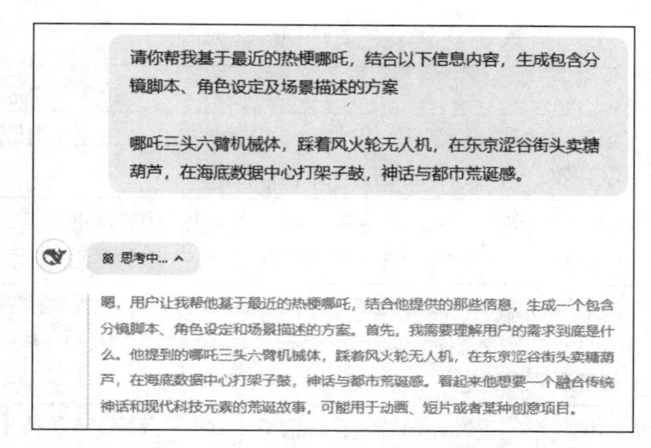

图 7-9　利用 DeepSeek 优化提示词的过程

图 7-10　分镜脚本设计

其他视频类 AI 工具

可以看到，Sora、可灵 AI、即梦 AI、元镜等 AI 工具主要提供了视频生成与视频编辑技术。目前的视频类 AI 工具主要集中在这两种技术领域，由此诞生了许多各具特色的工具，常见的其他视频类 AI 工具如表 7-1 所示。这些工具都可以跟 DeepSeek 搭配使用。

表 7-1 常见的其他视频类 AI 工具

工具名称	功能简介
腾讯智影	自动生成动画短视频，提供大量短视频模板。企业和自媒体及个人可以高效、快速、智能地制作短视频作品
秒创（一帧秒创）	智能视频创作平台，支持图文转视频，通过快速识别语意、划分镜头与匹配素材，1 分钟左右便可生成视频。另外支持数字人播报、智能配音
剪映	知名移动端与个人计算机（Personal Computer，PC）端视频编辑软件，专为社交媒体短视频制作而设计，提供文字转视频功能，通过文字智能匹配视频素材
Runway	提供先进的视频处理功能，如根据文本生成图像、视频局部无损放大、动态追踪、智能调色等。通过 AI 技术，实现对视频内容的智能分析和处理，提升视频质量和创作效率
Stable Video	提供“图生视频”和“文生视频”功能，支持视频的参数编辑

整体来讲，目前市面上可用的视频类 AI 工具主要提供图文转视频功能，即通过智能识别图像或语意，将现有素材处理为动态视频。支持直接通过文字内容从无到有生成视频的技术较为稀有，读者可以优先从前文推荐的视频类 AI 工具中进行选择。

用户选择视频类 AI 工具时，不仅要充分考虑自己的需求——如是否需要快速生成模板化视频、是否追求高度定制化内容、目标受众特点、预算限制等，还要确保准备好相应的素材资料。对于图文转视频工具，可能需要包括清晰的文字脚本，相关的图像、图标、图表等视觉元素，以及任何特定的品牌指南或风格要求。而对于像 Sora 这样的文本驱动视频生成工具，用户主要需提供详尽的文字描述，可能还包括场景设定、角色性格、情感基调、关键事件等细节信息。

2 DeepSeek 与视频类 AI 工具结合的应用场景

视频类 AI 工具的应用正逐步渗透到影视制作、在线教育、广告营销及日常娱乐等多个领域，展现出令人瞩目的应用潜力。具体来讲，这类工具在视频生成和视频编辑两大领域取得了革命性进步。如今，DeepSeek 的深度思考模式结合视频类 AI 工具的低使用门槛，从智能生成、视频编辑到数字人播报等，在视频制作的流程上可谓颠覆了传统。下面将深入介绍各个应用场景。

DeepSeek 辅助视频生成

借助 DeepSeek 输出的视频文本内容，视频类 AI 工具能够准确理解输入的多模态信息，并将其转化为生动逼真的动态视频。用户无论是创作短片、设计广告，还是生成个性化的动态海报，都能轻松应对，并且省去拍摄、灯光布景等传统视频领域的全部烦琐工作。

1. 文字生成视频

文字生成视频指通过提示词文本命令视频类 AI 工具直接生成视频内容的生成方式。用户只需输入一段描述性的文字，视频类 AI 工具便能理解其意图，并生成与之匹配的视频内容。

此方式只需充分发挥 DeepSeek 对复杂语义的理解能力，为创作者构思设计好提示词，无须准备其他图片或视频素材，因此是最为方便与高效的生成方式。此方式能够让视频类 AI 工具充分发挥理解与合成能力，创造出既契合提示词，又充满想象力的视频。图 7-11 所示为输入基础提示词“午后的阳光透过纽约市阁楼的窗户照射进来。”生成视频的示意。

图 7-11　输入提示词生成视频示意

假如这时，用户提前运用 DeepSeek 对提示词进行进一步的细节优化，就会得到完全不同的画面描述，如图 7-12 所示。再将之提供给视频类 AI 工具生成视频，任何奇思妙想的画面几乎都可以实现，如图 7-13 所示，这是多么美妙的一件事。

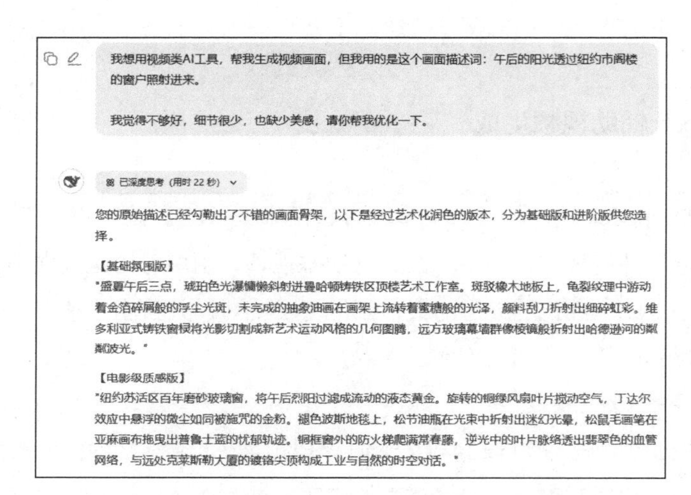

图 7-12　运用 DeepSeek 对提示词进行优化

图 7-13　将优化后的提示词提供给视频类 AI 工具生成视频

2. 图片生成视频

图片生成视频技术利用 AI 工具将静态的图片转化为动态的视频。使用这一功能需要用户上传已有图片，AI 工具将根据图片画面里的内容元素进行理解与合成，使内容元素动起来。

与文字生成视频不同，通过图片进行生成自然就需要用户提前准备好图片资源。在图片资源的基础上，用户可自行选择是否需要用提示词加以辅助。表 7-2 所示为图片生成视频的细分场景。

表 7-2　图片生成视频的细分场景

细分场景	功能描述
文字 + 图片生成	上传图片，同时使用提示词加以描述（可使用 DeepSeek 进行优化），辅助图片生成更符合预期也更具变化性的视频
纯图片生成	仅上传图片，不借助提示词，让 AI 工具自行读取图片内容生成视频

两种细分场景各有其用处。图 7-14 所示为提示词辅助生成视频示意。可以看到，用户输入一幅已有图像，并输入辅助提示词“一个男人走在街上的低角度镜头，周围酒吧的霓虹灯照亮了他。”，视频类 AI 工具便根据原有图像和提示词要求生成了一段有霓虹灯和行走动态效果的视频。

图 7-14　提示词辅助生成视频示意

▌视频编辑

视频类 AI 工具的另一大应用场景便是视频编辑，这是指对原有的视频素材进行高效二次编辑，包括智能剪辑、AI 语音、自动字幕、视频智能抠图、视频风格转换等。这些功能都大大简化了原本复杂的视频编辑步骤。下面将举例讲解常见的视频编辑功能。

1. 智能剪辑

智能剪辑是视频编辑领域的核心功能之一，其通过深度学习和计算机视觉技术，实现了对视频内容的智能分析和自动化处理。

在视频智能剪辑过程中，AI 工具能够自动识别视频中的关键帧、场景切换和动作序列等，根据预设的剪辑规则和用户输入的提示词，进行精准而高效的剪辑操作。除了基本的剪辑功能，智能剪辑还支持智能配乐、智能调色等高级功能，能够根据视频内容自动生成匹配的背景音乐，提供虚拟配音，提升视频的整体观感。

目前，包括腾讯智影、剪映、秒创（一帧秒创）在内的 AI 工具的功能大同小异，掌握其中一款往往可触类旁通。以腾讯智影为例，其文字成片功能区如图 7-15 所示。

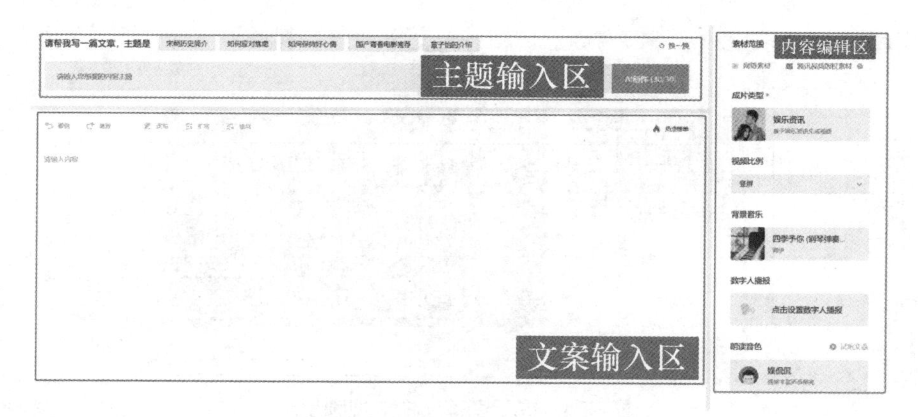

图 7-15　腾讯智影的文字成片功能区

该工具平台包括 3 个功能区域。

（1）主题输入区

主题输入区即用户输入视频标题、主题、核心内容的区域。用户只需在此输入简短的主题提示词，该工具就能自动生成长段文章以作为视频文案与口播[1]依据。

1　口播：用口头表达来传递信息的视频制作方式。

主题提示词示例如下。

AI 视频生成的主题提示词

宋朝历史简介

如何应对焦虑

国产青春电影推荐

（2）文案输入区

文案输入区是生成、输入与编辑视频文案的区域。

一方面，用户在主题输入区输入主题后生成的文案内容会在此区域呈现；另一方面，用户也可以选择自行准备文案文本，将其粘贴在文案输入区。

这部分是借力 DeepSeek 的重要环节，可如图 7-16 所示，将所需的背景、视频主题、任务、效果、要求等发送给 DeepSeek，通过追问获得优质的文案文本，再复制到腾讯智影的文案输入区。

我是一个做女性成长视频的博主，现在请你帮我基于主题“如何应对焦虑”，写一篇视频口播文案来吸引用户点击观看和点赞，要包含干货内容，让用户觉得很真诚实在，里面的方法可以拿来即用

标题：焦虑到失眠？3个亲测有效的方法，帮你瞬间平静！

(开场白)

姐妹们，有没有觉得最近特别容易焦虑？工作压力大、感情不顺心，甚至刷个朋友圈都能让人emo…… 我也经常被焦虑困扰，失眠、心慌，甚至影响到日常生活。但今天，我要分享3个亲测有效的应对焦虑的方法，简单易行，帮你瞬间平静下来！

图 7-16　通过 DeepSeek 获得文案文本

此区域还支持 AI 改写功能，支持对文章内容进行润色、改写、缩写。

（3）内容编辑区

内容编辑区是编辑与调整视频形式的功能区。支持对素材范围、成片类型、视频比例、背景音乐、数字人播报和朗读音色进行修改与调整。

① 素材范围。AI 视频剪辑依赖于已有的素材来生成视频，因此素材匹配成为关键步骤。腾讯智影拥有丰富的素材，包括图像、视频片段、特效等。当用户上传文章并选择“文章转视频”功能时，腾讯智影会根据文章内容和用

户设定的素材范围，从素材库中自动匹配合适的素材来构建视频。用户还可以手动调整或替换素材，以进一步优化视频效果。这种灵活的素材匹配方式，使得视频创作更加个性化和专业化。

② 成片类型。成片类型决定了视频的整体风格和呈现方式。腾讯智影提供了多种预设的成片类型，如新闻风格、纪录片风格、微电影风格等。用户可以根据文章内容和目标观众，选择合适的成片类型。腾讯智影会根据用户所选类型自动调整视频的节奏、转场效果、字幕样式等，以打造出符合预期的视觉效果。

③ 视频比例。视频比例是指视频的宽度和高度之比，常见的比例有 16 ∶ 9、9 ∶ 16、4 ∶ 3 等。腾讯智影允许用户根据播放平台和需求灵活调整视频比例。例如，如果用户打算将视频发布到手机短视频平台，可以选择 9 ∶ 16 的竖屏比例；而如果是制作适合电视或计算机屏幕的视频，则可以选择 16 ∶ 9 的横屏比例。

④ 背景音乐。腾讯智影提供了丰富的背景音乐库，涵盖多种风格和流派。用户可以根据视频内容和情感需求选择合适的背景音乐。同时，腾讯智影还支持用户自定义上传音乐，以满足更个性化的需求。

⑤ 数字人播报。腾讯智影的数字人播报功能是一大特色。用户可以选择使用数字人作为视频中的主持人或解说员，为视频增添趣味性和科技感。数字人的形象、动作和表情都可以根据用户需求进行定制。由于数字人播报主要依托视频格式呈现，因此一般被归于视频类 AI 领域。

⑥ 朗读音色。对于文章中的文字内容，腾讯智影提供了多种朗读音色选项。这些音色包括男声、女声、童声等多种类型，每种类型下又有多种不同的风格和语速可供选择。

编辑调整好以上所有参数后，文章转视频功能生成的视频会跳转到视频剪辑的剪辑窗口，以便用户充分发挥主观能动性，自行替换素材、二次剪辑。

2. 其他 AI 视频编辑功能

在视频编辑领域中，智能剪辑和数字人播报以其独特功能和颠覆性效果成为最为亮眼的 AI 功能。在这两项功能之外，仍有其他 AI 功能在为视频编辑提供便捷。

（1）AI 语音

文本配音是 AI 工具在视频编辑中的重要应用，它能够将用户输入的文本转化为自然流畅的语音。用户只需提供所需的文本内容，AI 工具会根据选定的语言、语音风格（如男声、女声、儿童声、专业播音员声等）、语速、语调和情感色彩（如高兴、悲伤、严肃等）自动生成高质量的配音音频。这项功能极大地简化了配音制作过程，节省了聘请专业配音人员的成本和时间，尤其适用于教育视频、产品演示、解说短片、自媒体内容等场景。秒创（一帧秒创）的 AI 语音界面如图 7-17 所示。

图 7-17 秒创（一帧秒创）的 AI 语音界面

（2）自动字幕

自动字幕功能利用 AI 工具的语音识别技术，能实时、批量地将视频中的对话或解说转换成文字，并自动生成精准匹配的视频字幕。腾讯智影的字幕识别功能如图 7-18 所示。

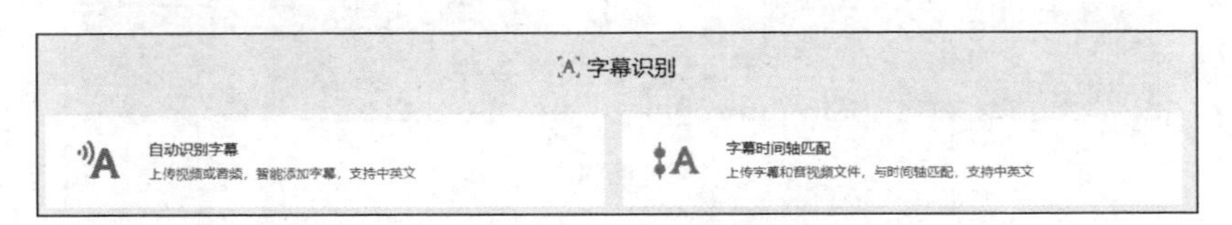

图 7-18 腾讯智影的字幕识别功能

（ 3 ）视频智能抠图

视频智能抠图功能运用深度学习和计算机视觉技术，能够自动识别并精确提取视频帧中的人物、物体或特定区域。这项功能使得用户无须手动逐帧操作，即可快速完成复杂的抠图任务，如更换背景、合成特效、去除水印、分离前景与背景等。图 7-19 所示为剪映的智能抠图功能示意。

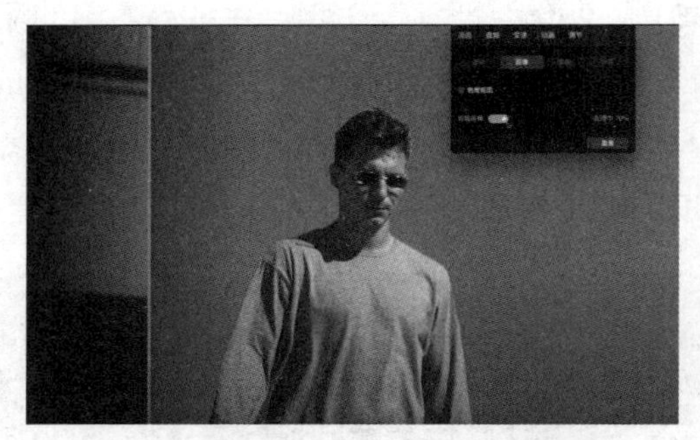

图 7-19 剪映的智能抠图功能示意

（ 4 ）视频风格转换

视频风格转换功能能够将一段视频的视觉风格（ 如色彩、纹理、光照、画风等 ）转变成另一种特定的风格。可以是模仿著名画家的作品风格，也可以是使视频呈现黑白电影、动漫、素描、油画、复古滤镜等效果。图 7-20 所示为 Runway 的视频风格转换功能示意。

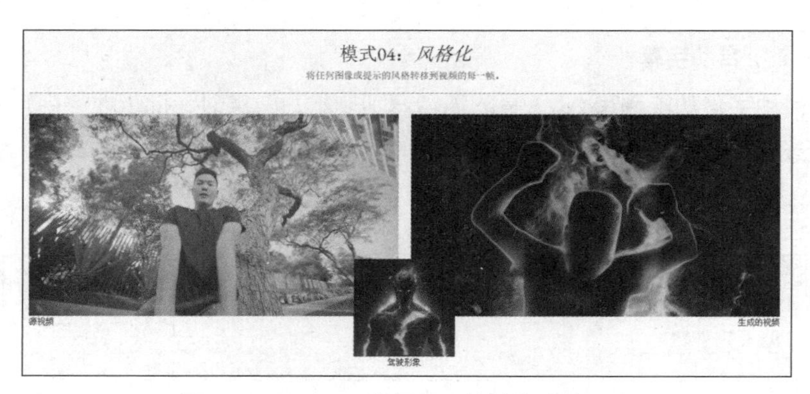

图 7-20 Runway 的视频风格转换功能示意

数字人播报

在 AI 视频领域，前文已提到一类特殊的功能，即数字人播报，本小节将对此进行详细介绍。

1. 数字人的定义

数字人是一种融合了人工智能及 3D 建模等技术的创新型应用软件和服务，它能够创建出高度拟人化、智能化的虚拟形象，服务于多元化的场景需求。其核心能力在于构建和训练能够模仿人类表情、动作、声音乃至情绪反应的数字模型，进而实现与用户的自然交互。

在实际应用中，数字人可用于创建定制化的虚拟客服、虚拟主播、在线教育讲师、虚拟偶像等角色，大大拓展了传统的媒体传播、教育培训、娱乐社交等领域。例如，用户能够通过输入文本或语音指令来操控数字人完成知识讲解、产品推广、客户服务等工作；或者通过上传个人照片、视频，借助 AIGC 技术生成与本人相似度极高的数字替身，实现个性化的数字内容输出。

此外，部分高级的数字人还能实时捕捉并模拟真人面部表情、肢体动作，使得虚拟形象的表现更为生动真实。同时，结合大数据分析和深度学习算法，数字人还可以不断优化交流策略和内容生成，以适应不同用户群体的需求和反馈，从而在各行各业发挥出重要作用。图 7-21 所示为央视网的 Al 数字主播。

图 7-21 央视网的 AI 数字主播

2. 数字人播报的应用

数字人播报的核心是虚拟数字主播。这些模型可以设计成各种性别、年龄和职业形象，以适应不同的应用场景和用户偏好。

用户输入文本内容后，AI 工具会将其转化为自然、有感情色彩的语音输出，模拟真人说话的节奏、韵律和语气，甚至包括停顿、重音、笑声等细节，以增强表达的真实感。

腾讯智影数字人播报界面如图 7-22 所示。

图 7-22 腾讯智影数字人播报界面

腾讯智影的数字人播报功能支持用户选择数字人形象、播报模板、播报背景、背景音乐和播报文案等。

使用数字人相关功能一般需遵从以下步骤。

（1）选择平台

选择并登录所选视频类 AI 工具的服务平台，如腾讯智影或其他具备数字人播报功能的软件或在线平台；确保已注册账号并有权访问相关功能。

（2）进入数字人模块

在工具主界面找到并单击“数字人播报”“虚拟主播”或类似的选项，进入专门的数字人制作工作区。

（3）**选择并编辑数字人形象**

浏览平台提供的数字人库，选择符合项目需求的虚拟主播。考虑因素包括性别、年龄、风格（正式、休闲、卡通等）、语言、声音特质（如亲和力、权威性等）、语速。部分平台可能允许自定义数字人的外貌特征及购买或上传特定的数字人模型。腾讯智影的数字人音色编辑界面如图 7-23 所示。

图 7-23　腾讯智影的数字人音色编辑界面

（4）**导入或生成播报文本**

输入或粘贴需要由数字人播报的文本内容，推荐使用 DeepSeek 进行文本生成，确保文本准确无误，以贴合播报风格和目标受众。有些视频类 AI 工具可能提供文本生成功能，可根据用户输入的主题直接生成播报文本，免除用户自行撰写的步骤。

（5）**配置视觉呈现**

定制数字人的背景图片、背景音乐、站位及动画特效等要素，确保呈现风格与视频内容主题一致。

（6）**添加额外元素**

根据视频制作需求，添加其他视觉或音频元素，如视频、图像、图表、音乐、音效、字幕样式、过渡效果等，以丰富视频的内容和观赏体验。

3 DeepSeek 用于视频生成的提示词设计步骤

视频类 AI 工具的提示词设计是引导 AI 工具生成符合预期视频内容的关键环节。视频同样是一种视觉化的呈现媒介，其提示词设计与图像类 AI 工具的提示词有异曲同工之处。另一方面，视频又是一种动态的内容，现在的视频生成技术通常只能生成相对较短（如 4 秒左右）的视频，与 DeepSeek 对话撰写的视频生成提示词需要精练、准确且富含动态细节，以便在有限时间内传达丰富的视觉信息和叙事线索。

DeepSeek 辅助确定主题与内容

在使用 DeepSeek 设计生成视频的提示词时，确定主题与内容是关键的第一步。确定主题与内容，就是要具体地、有指向性地描述画面包含的视觉元素。在此环节，与设计图像类 AI 工具的提示词一样，可以从“主体元素”和“辅助元素”两个方面进行描述。

1. 主体元素

直接告知 DeepSeek，设计的提示词要明确表述视频的主体元素或核心概念，可以包括主体对象的情态、特征、状态等具体视觉元素的描述。下面是一组提供给 DeepSeek 的视频主体元素的提示词案例。

微笑着的小男孩（情态）
一只黑白斑点狗（特征）
漂浮的女性宇航员（状态）

2. 辅助元素

跟 DeepSeek 沟通时，也要留意辅助元素的补充。辅助元素指描述具体的环境、氛围、时代背景或文化细节等能够烘托主体元素的其他元素。下面是一组视频辅助元素的提示词案例。

> 霓虹灯闪烁的夜晚街道（环境）
> 欢快嬉戏着的聚会人群（氛围）
> 19 世纪欧洲画室（时代背景）
> 复古未来主义风格的飞船（文化细节）

3. 主体元素与辅助元素的空间位置关系

将主体元素与辅助元素相结合，就能得到有主有次的视频内容画面描述。在这一步，要提醒 DeepSeek 合理搭配主体元素与辅助元素，确定好空间位置关系。这将直接影响接下来对运动画面的设计。

主体元素与辅助元素相结合的提示词案例如下。

> 在霓虹灯闪烁的夜晚街道上站着一个微笑着的小男孩
> 欢快嬉戏着的聚会人群之外，有一只黑白斑点狗
> 女性宇航员在复古未来主义风格的飞船里漂浮

描绘特殊的视觉风格

图像的风格丰富多样。视频作为动态的画面，同样有多变的风格、色调、光线、滤镜等。在生成视频内容时描绘视觉风格，有利于使视频更具特色、更有吸引力。

跟 DeepSeek 对话时，可供 DeepSeek 参考的视觉风格提示词如表 7-3 所示。

表 7-3 可供 DeepSeek 参考的视觉风格提示词

要点类别	提示词示例
风格	清新风格、复古风格、科技风格、梦幻风格
色调	暖色调、冷色调、鲜艳色调、暗调、自然色调

续表

要点类别	提示词示例
光线	柔和光线、强烈光线、阴影效果、逆光效果、动态光线
滤镜	复古滤镜、黑白滤镜、色彩增强滤镜、模糊滤镜、光晕滤镜

结合风格要素的视频提示词示例如下。

> 现实风格，电影级画质，在霓虹灯闪烁的夜晚街道上站着一个微笑着的小男孩
> 复古色调的女性宇航员在太空中漂浮

描绘关键动态

描述关键动作或事件变化，确保视频内容在短时间内呈现动态变化，这一步是视频生成区别于图像生成的核心环节。设计好关键动态提示词可以为视频类 AI 工具生成连贯、生动的视频画面提供清晰指导。

用 DeepSeek 梳理视频生成提示词时，需描绘关键动态，首先确定执行关键动作的角色或物体。一般来讲动作主体都是画面主体元素，如上文提到的“微笑的小男孩”，主体元素的动作更能吸引人的注意力。但辅助元素同样可以有动态变化，如“霓虹灯闪烁”。确认动作与变化的元素，可为接下来刻画动作过程做好铺垫。而描绘关键动态，可以从刻画动作过程、表现动作轨迹与空间关系、展现动作情感与意图 3 个角度入手，下面将分别介绍。

1. 刻画动作过程

对动作过程的详细刻画是最常见的视频动态效果之一，可突出运动的主体元素。这需要用户合理使用动词与副词，精确有力地描述画面动态。

（1）动词

使用动词精确描述动作本身，如“跳跃”“挥舞”“旋转”“绽放”等。可供 DeepSeek 参考的部分动词提示词如表 7-4 所示。

表 7-4　可供 DeepSeek 参考的部分动词提示词

动作类别	相关动词举例
移动类	行走、奔跑、跳跃、滑行、攀爬、翻滚、飞跃、穿梭、漂浮、坠落、上升、下降
肢体动作类	挥舞、握持、抛掷、抓取、拍打、敲击、推搡、拉动、弯曲、伸展、点头、摇头
体育运动类	射门、投篮、挥杆、冲刺、转身、防守、进攻、平衡、闪避
舞蹈动作类	跳跃、旋转、踢腿、扭动、踏步、摇摆、手势、挥手、抬腿、弯腰、跳跃、下蹲
艺术创作类	绘画、雕刻、书写、演奏、歌唱、编织、雕塑
自然现象类	绽放、飘落、燃烧、喷涌、流动、冻结、融化、生长、枯萎、滚动、破碎、碰撞
战斗动作类	刀砍、剑刺、射击、格挡、闪避、瞄准、冲击、潜行、狙击、突围、反击、施法
情感表达类	笑容满面、泪流满面、拥抱、握手、亲吻、挥手告别、怒目而视、皱眉思考、惊讶瞪眼

根据设想中发生动作的元素匹配不同的动作类别，选择相应的动词提示词。示例如下。

动词提示词

微笑的小男孩在歌唱

一只斑点狗在翻滚

（2）**副词**

除了最主要的动词提示词，还可以辅以副词细化动作幅度、速度、力度等，如“缓缓升起”“猛烈撞击”“优雅地转身”。

2. 表现动作轨迹与空间关系

表现动作轨迹与空间关系也是一种常见的视频动态效果，适合呈现画面的整体动态与氛围。

（1）动作轨迹

为了让 DeepSeek 输出精确的视频生成提示词，方便指导视频类 AI 工具捕捉并再现复杂的动态场景，在提示词的内容中，需要描绘动作在三维立体空间内的行经路线，示例如下。

> 演员从舞台幕后慢慢走向聚光灯下
>
> 篮球沿着弧线飞向篮筐

示例中的描述不仅传达了动作的速度（“慢慢”），还明确了动作在三维空间的具体轨迹（“从舞台幕后慢慢走向聚光灯下”）。此外，还需考虑动作的覆盖范围，诸如“沿着弧线”这样的表述能够帮助 AI 工具理解动作的空间延展性和整体形态。

（2）空间关系

在生成视频时，动作的呈现不应孤立，而是要充分结合主体元素与辅助元素的相对位置关系。示例如下。

> 舞者在舞台中央旋转，背景中的彩带环绕其飘扬

这句话既描述了主体舞者的动作（“旋转”），又体现了主体元素与辅助元素（“彩带”）之间的互动和空间关联，确保视频在合成过程中能够真实还原这些动态的空间布局及视觉效果。

3. 展现动作情感与意图

利用 DeepSeek 梳理提示词时，还可以强调动作传达出的情感与意图，表达意蕴与氛围。

（1）突出情感色彩

在设计提示词时还可以重点传递动作所承载的情感深度和氛围。示例如下。

> 恋人在雨中深情相拥，脸上洋溢着幸福的笑容
>
> 画家凝视画布，眼神中流露出专注与期待

在描述“恋人在雨中深情相拥”时，不仅要提及具体的动作“相拥”，更要强调情境下的情感细节——“脸上洋溢着幸福的笑容”，这有助于 AI 工具生成视频时细腻刻画角色面部表情和身体语言，使观众能够真切感受到那种温馨浪漫的情感交流。同样，“画家凝视画布，眼神中流露出专注与期待”的描绘，能够让 AI 工具理解和再现艺术家在创作过程中的心理状态。

（2）**传达目的与意义**

让 DeepSeek 优化提示词时，要注意传达目的与意义。传达动作的目的与意义是增强视频内容的故事性和感染力，而提示词可以明确指出动作所指向的目标或潜在含义。示例如下。

> 科学家紧握实验成果，眼中闪烁着坚定的信念

这样的描述提供了动作“紧握”背后的深层含义，即科学家对于科研成果的珍视以及即将带来的影响。通过这样的描述，AI 工具在生成视频时会倾向于重点突出表现科学家的决心和信念。

刻画动作过程、表现动作轨迹与空间关系或者展现动作情感与意图并非缺一不可，用户可根据自己的需求灵活选择。

描绘镜头运动

在视频拍摄领域，镜头运动是指通过改变镜头光轴、移动摄像机机位或变化镜头焦距来拍摄不同的画面。它是摄像者发挥创造性的重要手段。虽然视频类 AI 工具能直接生成视频，无须使用真实的摄像机，但同样可以模拟镜头的运动。

为了赋予 AI 视频丰富的视觉动态，让 DeepSeek 生成的提示词应能准确指导镜头的移动方式。示例如下。

> 镜头缓缓推进，逐渐聚焦于恋人在雨中相拥的画面
>
> 镜头跟随画家的手部动作平稳摇移，展现画笔在画布上挥洒的轨迹

此处“缓缓推进”“聚焦”均为镜头运动的专业术语，指示 AI 模拟镜头从远至近、由模糊到清晰的过程，强调恋人的亲密瞬间。同样，“镜头跟随画家的手部动作平稳摇移，展现画笔在画布上挥洒的轨迹”中的“平稳摇移”引导 AI 模拟镜头保持特定速度和角度跟随画家手部的动态，呈现创作过程的连贯性。

部分可供 DeepSeek 参考的镜头运动术语如表 7-5 所示。

表 7-5　部分可供 DeepSeek 参考的镜头运动术语

镜头运动	具体解释
推镜头	镜头从远向近移动，仿佛拉近观众与被摄物体的距离，突出细节或增强情绪张力
拉镜头	镜头从近向远移动，逐渐远离被摄物体，展示更广阔的环境或场景，常用于揭示关系或位置
摇镜头	摄像机固定在某一轴线上左右或上下转动，如同人头部转动观看，展现宽广场景或连续动作
移镜头	摄像机沿水平或垂直方向平滑移动，跟随被摄物体或展示空间关系，产生身临其境的效果
跟镜头	镜头持续跟随移动中的主体，保持主体在画面中的相对位置不变，用于跟踪动作或展现人物视角
变焦	调整镜头焦距，使画面中物体大小发生变化（变大或变小），不涉及摄像机的实际移动
旋转	摄像机围绕自身轴线或被摄物体进行全方位转动，用于 360° 观察或制造眩晕、混乱感
平移	类似移镜头，但通常指水平方向上的直线移动，常用于展示广阔风景或追踪水平移动对象
升降格	摄像机垂直上升或下降，用于展现建筑物高度、人物位置变化或营造特殊视觉效果
定向运动	指定镜头沿着特定路径或轨迹（如弧形、曲线、螺旋线等）运动，增强画面动感与创意
倾斜	摄像机机身沿水平轴线左右倾斜，形成斜角视角，用于打破常规透视，增加视觉冲击力

4　应用案例：DeepSeek 辅助生成奶茶广告短片

视频广告是一种以视频形式呈现的广告内容，通过动态画面、声音和文字等的有机结合，将产品或服务的信息以直观、生动的方式传达给受众。在数字化时代，视频广告凭借其强烈的视觉冲击力和情感共鸣能力成为品牌推广和市场营销的重要手段。

视频广告的形式多种多样，需要结合广告品牌的具体需求来定制。现在借助视频类 AI 技术，广告商可以快速获得动态视频作为广告的素材与参考资料。

现在以某奶茶产品广告为例，分析如何通过 DeepSeek 与视频类 AI 工具生成 16 秒左右的广告短片。案例场景如下。

> 某饮品品牌在冬季推出了一款奶茶新品，主要用料为巧克力、榛子仁，口感丝滑，外包装温馨可爱。现在该品牌要制作一条动画短片以宣传该奶茶。

1. 跟 DeepSeek 沟通，分析需求，确定主题与内容

利用 DeepSeek 深度思考，可以分析和查看需求。饮品品牌在冬季推出新品，表明其关注季节性消费需求，旨在提供与冬季氛围相符的温暖、舒适饮品体验。新品以巧克力、榛子仁为主要用料，暗示产品具备浓郁、香醇的口感特征，与冬季消费者追求的暖身与甜点享受契合。另外，外包装温馨可爱表明品牌注重产品外观设计，试图通过视觉吸引力增强消费者购买意愿，尤其是吸引年轻女性或喜欢可爱风格的受众。

根据以上需求分析，可以为视频确定如下主体元素与辅助元素。

> 主体元素：巧克力色的榛子奶茶
>
> 辅助元素：白雪飞扬的背景

2. 根据元素内容，用 DeepSeek 确定视频风格

根据该奶茶品牌温馨可爱的风格，女性化、年轻化的受众群体，以及上一

步确定的视频元素，我们可以从多种视频风格中选定一个作为整个广告短片的视觉基调。

明亮光鲜的视觉画面更能引起消费者的食欲，也能凸显奶茶饮品的温暖与美味。视频风格的提示词示例如下。

> 视频风格：明亮的写实风格

3. 借助 DeepSeek，分别确定 4 个关键动态

目前的视频类 AI 工具大部分支持生成 4 秒左右的视频，为了生成一条 16 秒左右的广告短片，我们需要制作 4 条 AI 视频。因此每条视频可以包括一个关键动态。前文已经介绍了关键动态可以包括刻画动作过程、表现动作轨迹与空间关系、展现动作情感与意图。考虑到该广告的视频主体元素是奶茶，因此可以在用 DeepSeek 梳理提示词时，以奶茶的动作过程和动作轨迹为切入点，结合辅助的背景元素，设计 4 条动态提示词，提示词需要突出奶茶新品的丝滑、可口、温暖、可爱等特点，抓住消费者的眼球。

示例如下。

> 关键动态：
>
> 巧克力奶茶缓缓倒入杯中，奶盖浮于茶底。
>
> 榛子仁在奶茶中轻轻上浮，模拟真实饮用时的场景。
>
> 吸管插入奶茶，轻微搅动，展示奶茶的丝滑口感。
>
> 奶茶冒出热气腾腾的蒸气。

4. 用 DeepSeek 确定镜头运动

为了丰富广告视频的动态效果，同时刻画奶茶产品的丰富细节，突出其可口程度，可以在该视频提示词中增加一些镜头动作的描述。示例如下。

> 镜头动作：
>
> 聚焦

拉近

特写

5. 要求 DeepSeek 整理并完成提示词

经过以上 4 个步骤的考量，奶茶广告提示词的设计要点已基本完备，接下来需要要求 DeepSeek 将以上提示词要点整理为完整的提示词。4 条视频生成提示词的示例如下。

白雪飞扬的背景中，镜头聚焦于巧克力奶茶缓缓倒入杯中，细腻的奶盖浮于茶底上方。镜头向奶茶拉近。采用明亮的写实风格。

巧克力奶茶的特写，榛子仁在奶茶中轻轻上浮，模拟真实饮用时的场景。采用明亮的写实风格。

白雪飞扬的背景中，吸管插入奶茶，轻微搅动，展示奶茶的丝滑口感。采用明亮的写实风格。

奶茶冒出热气腾腾的蒸气，镜头聚焦于奶茶冒出的蒸气。采用明亮的写实风格。

将“白雪飞扬的背景中，镜头聚焦于巧克力奶茶缓缓倒入杯中，细腻的奶盖浮于茶底上方。镜头向奶茶拉近。采用明亮的写实风格。”提示词输入视频类 AI 工具，其生成的奶茶广告视频如图 7-24 所示。

图 7-24　视频类 AI 工具生成的奶茶广告视频

再将其他 3 条提示词输入 AI 工具，就可以得到 4 段 4 秒的动态视频。随后加上文字特效、转场特效等效果，就能得到一段奶茶广告短片。

Part 8

DeepSeek 与其他 AI 工具结合实操技巧

除了 DeepSeek，随着 AI 技术的发展，文字写作、可视图表、演示文稿、图像绘画、音乐音频、动态视频等生活中常见的领域也涌现出许多提高效率与质量的垂直细分工具。在这些领域之外，还有诸多极具实用性的 AI 工具，包括图书阅读与分析、办公会议记录、3D 建模、商业数据分析，以及智能搜索与整理等工具，它们为各行各业的用户带来了前所未有的智能化体验。

随着技术的不断迭代和应用场景的持续拓展，越来越多的工具正逐步接入 DeepSeek。可以预见，未来的 AI 工具将进一步模糊人机界限，使 DeepSeek 和其他 AI 工具成为每个用户的智能伙伴，共同打造更加高效、智能的工作与生活环境。正因如此，生活在技术爆发时代的我们更应该抓住技术发展的动向，以智能高效的工具武装自己。

1 长文本类 AI 工具与实操

长文本，如学术论文、研究报告、法律文档和文学作品等，通常需要耗费大量时间和精力去阅读。随着长文本阅读需求的不断增加，长文本类 AI 工具应运而生。这些工具凭借强大的自然语言处理能力和长文本理解能力，能够高效处理万字甚至百万字级别的长文本内容，为用户提供高效的阅读辅助与内容分析服务。

长文本类 AI 工具介绍

以下是几款常见的长文本类 AI 工具。

1. Kimi 智能助手

Kimi 是由北京月之暗面科技有限公司推出的 AI 工具，在长文本处理方面表现出色。它能够处理和理解复杂的长文本，包括专业学术论文、法律文件和技术文档等。在 Kimi+ 中，官方推荐的长文生成器支持长达 200 万字的无损长文本生成。此外，Kimi 还具备超强的长文本内容提炼和归纳能力，能够快速提炼出文章的核心内容，为用户提供高效的内容阅读和整理体验。Kimi 的操作界面简洁直观，如图 8-1 所示。

图 8-1 Kimi 的操作界面

Kimi 支持的功能包括长文本阅读与分析、多语言对话、信息搜索和网页内容解析等。

（1）**核心功能**

长文本阅读与分析是 Kimi 核心功能之一。Kimi 可以处理用户上传的 PDF、DOC、XLSX、PPT、TXT、图片等格式的文件，并支持单次最多 50 个文档的上传，每个文档的大小不超过 100 MB。

另外，Kimi 具有超长无损记忆的特性，能够在多轮对话中保持信息的完整性和连贯性，为用户提供深入的交流体验。这一特点使 Kimi 在处理复杂的跨越多段文本的问题时具有显著优势。

（2）**其他功能**

① 多语言对话：Kimi 支持流畅的中文和英文对话。

② 信息搜索：Kimi 具备联网搜索能力，可结合互联网资料为用户提供更准确的回答。

③ 网页内容解析：Kimi 支持用户上传网页链接，并根据链接解析网页内容，回答用户的问题。

Kimi 凭借其出色的长文本处理能力和超长无损记忆特性，以及智能搜索与实时信息整合等功能，为用户提供高效、便捷的长文本阅读和处理体验。无论是在工作和学习效率提升，还是在旅行规划等方面，Kimi 都能发挥重要作用，成为用户生活中的得力助手。

2. Claude

Claude 是 Anthropic 公司研发的一款先进的人工智能工具，以其卓越的长文本处理能力、高度的可靠性和多功能应用在 AI 领域脱颖而出。

Claude 的主要特点和功能如下。

① 超长文本理解：Claude 能够处理超长文本，远超传统模型，确保对超长文本的无缝理解和连贯回应。

② 跨文本整合分析：支持同时上传多个附件，实现跨文本的对比、整合与解读，非常适合科研、法律分析等需要综合多份资料的工作场景。

Claude 的图标如图 8-2 所示。

图 8-2 Claude 的图标

操作示例：生成万字行业分析报告

从本质上讲，长文本类 AI 工具属于写作类 AI 工具，其功能界面与操作方式与 DeepSeek、ChatGPT 等类似。在实际操作时，用户需要先上传待处理的长文本文件或链接，再通过输入提示词与 AI 进行互动，以获得长文本的分析总结等内容。

例如，当用户需要生成万字行业分析报告时，传统流程极为耗时，但借助长文本类 AI 工具，可以快速完成解读与分析，并总结出所需的报告框架和内容。我们以 Kimi 为例，讲解如何使用长文本类 AI 工具生成万字行业分析报告。

1. 选择输入方式

在使用长文本类 AI 工具前，需准备好与报告内容相关的材料或信息，并选择合适的输入方式。此类 AI 工具通常支持以下输入方式。

（1）直接上传

用户可以通过长文本类 AI 工具提供的接口上传本地存储的长文本文件，如行业报告（PDF、Word、TXT 等格式）。

另外，Kimi 等 AI 工具还支持上传多文本文件，实现对多个文本的整体阅读和对比分析。这一功能对需要批量处理文件的用户来说非常实用。

（2）在线链接输入

对于网络上的长文本，用户可以复制并粘贴网址到长文本类 AI 工具中，工具会自动抓取并处理链接指向的文本内容。

（3）直接文本输入

对于非超长的文本内容，用户可以直接在输入框中输入或粘贴文本内容进行处理。以 Kimi 为例，其输入框界面如图 8-3 所示。

图 8-3 Kimi 的输入框界面

在选择输入方式时，应考虑文本来源、个人操作习惯和 AI 工具的具体功能支持，选择最为便捷高效的途径。

2. 撰写提示词，与长文本类 AI 工具互动

与长文本类 AI 工具互动，需要通过文本提示词进行。在上传行业相关的材料后，下一步是撰写提示词，以快速提取所需信息。

（1）明确阅读目的

在与长文本类 AI 工具互动前，应明确自己的阅读目的，如了解核心观点、查找特定信息、分析数据趋势或总结行业发展等。明确的目的有助于撰写有针对性的提示词，引导长文本类 AI 工具生成符合需求的内容。一般来讲，用户利用长文本类 AI 工具可达到的目的如表 8-1 所示。

表 8-1 利用长文本类 AI 工具可达到的目的

目的	介绍
快速概览全文	理解文章整体框架、主要章节内容及结论，快速进行信息的概括和整理
提取核心观点	识别作者的主要论点、主张或立场，包括文章的主题思想、中心论题及其支撑论据
查找特定信息	搜寻特定事实、数据、案例、引用文献、研究方法、实验结果等详细信息，用于佐证观点、撰写报告或论文
追踪发展趋势	对于行业报告、市场分析、科研进展等类型的文章，关注其中的数据变化、趋势预测、未来展望等内容

续表

目的	介绍
对比分析观点	在多篇文章或同一文章内的不同观点之间进行比较，梳理异同点，辨析优缺点，形成综合判断
解答具体问题	针对阅读过程中产生的疑问或待解决问题，向 AI 工具提出有针对性的问题，寻求解答或建议
提炼知识要点	整理文章中的重要知识点、理论框架、概念定义、步骤流程等，用于学习、教学或知识管理
评价文章质量	依据一定的标准（如学术规范、新闻价值、写作技巧等），对文章的整体质量做出评价

（2）撰写精准提示词

根据阅读目标，撰写简洁明了的提示词。示例如下。

> 请生成报告的摘要，不超过 500 字。（快速概览全文）
> 文章中提到的行业卡点 ××，具体解决方案是什么？（查找特定信息）
> 作者对 ×× 问题的观点是什么？（查找特定信息）
> 请你分析介绍这两份文件的异同点。（对比分析观点）

（3）利用关键词

在提示词中包含文章主题、关键概念、特定人物等关键词，有助于 AI 工具更准确地定位相关信息，从而提供精准回答，示例如下。

> 谈到“收入下降”问题的地方有哪些？
> 文章中，“CEO 王总”的观点有哪些？

（4）引导 AI 工具深度交互

对于复杂或专业性强的长文本，可通过提示词引导 AI 工具进行深度交互，如要求它解释某个术语、分析某个论据的合理性、对比不同观点等，通过持续的提问与反馈，与 AI 工具共同探索文章深度内容，示例如下。

> 请解释术语“××”在本文中的具体含义。
>
> 请梳理文章中关于“××”议题的不同派别观点，并简述其主要分歧点。
>
> 请深入探讨文中提及的“××”现象背后的深层社会、经济、文化原因。

（5）适时调整提示词

根据 AI 工具的回复，适时调整提示词，以获取更符合需求的答案。如果 AI 工具的回答未能满足需求，可尝试变换提问角度、细化问题或提供更多的上下文信息，示例如下。

> 原提问：请解释文中提到的“区块链”是什么。
>
> 补充上下文：本文探讨的是区块链在供应链金融中的应用，请在此背景下解释“区块链”。

图 8-4 展示了 Kimi 生成的关于长文本阅读的结果。

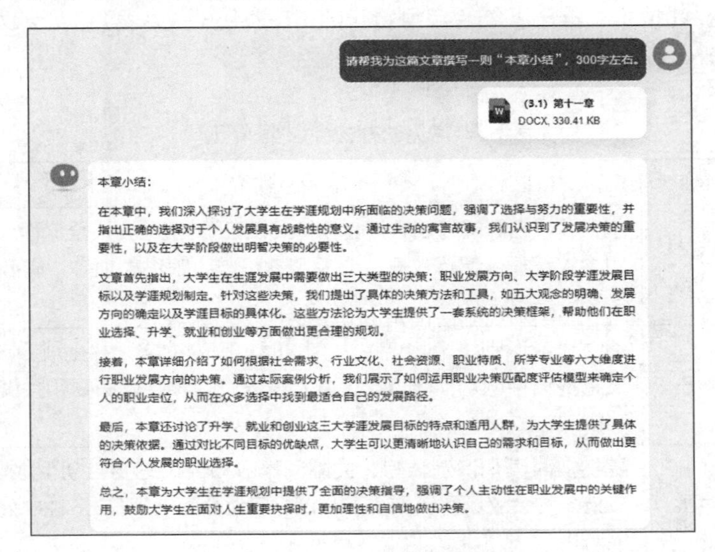

图 8-4 Kimi 生成结果

从图 8-4 中可以看到，Kimi 精准地识别了文档中的观点与内容，并很快按照要求生成了总结。

2 办公会议类 AI 工具与实操

在 AI 技术发展的浪潮中，办公会议的方式也发生了改变。借助前沿的 AI 技术，线上会议变得更加便捷高效。这些工具深度融合 AI 技术，从语音识别、实时转录、自动摘要、虚拟助手等多个维度，革新了会议的组织、参与及后续处理流程，有效提升了沟通效率，减轻了人力负担，实现了办公场景和知识管理的精细化与自动化。

办公会议类 AI 工具介绍

在 AI 技术诞生之前，办公会议工具就已有了一定的市场规模。而自 ChatGPT 等生成式 AI 工具涌现后，传统的办公会议工具纷纷自我突破和创新，积极融合 AI 技术，推出了结合自身特长的 AI 助手产品。表 8-2 所示为常见的办公会议类 AI 工具。

表 8-2　常见的办公会议类 AI 工具

工具名称	特点简介
腾讯会议 AI 小助手 Pro	基于腾讯自研的通用大语言模型“混元”，覆盖会议全流程，支持实时会议纪要、提炼议题、会后整理重点、跟进事项等，有效提升开会和信息流转效率
飞书妙记	通过语音识别技术将会议内容实时转写为文字，并生成会议纪要；支持多语种识别，能自动区分发言人，提供会议摘要和关键词提取功能
麦耳会记	提供实时语音识别转写、关键词提取和会议纪要自动生成等功能。支持多种会议场景（如线上会议、研讨会等），可与多种办公软件无缝对接
通义听悟	结合语音识别和自然语言处理技术，实现高准确度的语音转写，同时提供全文摘要、章节速览、发言总结等功能，帮助用户高效“阅读”音视频内容

续表

工具名称	特点简介
讯飞听见	基于科大讯飞的智能语音技术，实现会议内容的实时转写、翻译和摘要生成；支持多语种识别，提供丰富的会议管理功能（如发言人识别、关键词标注等）
钉钉 AI 助理	作为钉钉平台的智能助手，提供语音识别和语义分析功能，支持会议内容的实时转写、整理和总结。能够结合钉钉的工作流，自动提醒待办事项，提升团队协作效率

这些办公会议类 AI 工具的主要功能大同小异，可以总结为图 8-5 所示的几个方面。

— 实时语音识别与转写　大部分办公会议类AI工具都具备将会议语音内容实时转换为文字的功能。这有助于参会者更好地理解会议内容，对于听力不佳或需要查看记录的人尤其如此

— 会议纪要自动生成　根据转写后的文字内容自动提取关键信息，生成简洁明了的会议纪要，减轻人工整理会议内容的负担，提高工作效率。用户还可以在聊天界面通过提问的方式与办公会议类AI工具互动，直接询问与会议内容相关的事项，节省检索信息的时间和精力

— 多语种识别与翻译　一些高级的办公会议类AI工具支持多种语言的识别与翻译，这使得跨国会议或涉及多种语言的会议变得更加便捷。参会者无须担心语言障碍，可以更专注于会议内容

— 发言人识别与标注　通过语音识别技术，这些工具能够区分不同的发言人，并在转写文本中标注发言人的身份。这有助于参会者快速定位到每个发言人的内容，更好地理解会议中的讨论和决策过程

— 关键词提取与总结　办公会议类AI工具能够自动提取会议中的关键词和关键信息，生成会议总结或摘要。这有助于参会者快速把握会议要点，便于回顾和跟进会议内容

— 与办公软件无缝对接　大部分办公会议类AI工具都能够与主流的办公软件（如文档、邮件、项目管理工具等）无缝对接，使会议内容的分享、保存和后续处理变得更加便捷

图 8-5　办公会议类 AI 工具的主要功能

图 8-6 所示为腾讯会议 AI 小助手 Pro 在其官方网站中展示的会议纪要与互动问答示意。

图 8-6 腾讯会议 AI 小助手 Pro 的会议纪要与互动问答示意

办公会议类 AI 工具实操技巧

办公会议类 AI 工具已经成为现代职场中不可或缺的一部分，能够帮助我们更高效地处理会议内容，提升工作效率。在实际操作中，可以从会议前、会议中、会议后 3 个阶段来掌握办公会议类 AI 工具的使用技巧。

1. 会议前准备

在会议前的准备阶段，用户需要对工具和工具的操作有基本的了解，包括如下内容。

（1）**选择合适的工具**：根据会议的具体需求和场景，选择合适的办公会议类工具，并确认 AI 小功能已经开启。以腾讯会议 AI 小助手 Pro 为例，其启动按钮位于会议界面下方，如图 8-7 所示。

（2）**提前了解工具功能**：在使用工具之前，需花时间了解其功能和操作方法。通过阅读官方文档、观看教程视频或参加培训课程，可以掌握工具的基本使用方法和高级功能。

2. 会议中操作

在会议进行中，办公会议的 AI 助手往往会以聊天对话窗口的形式附着于会议界面，用户可随时在对话窗口中输入问题或指令。根据这些会议助手的功能，用户需要简明扼要地设计提示词。示例如下。

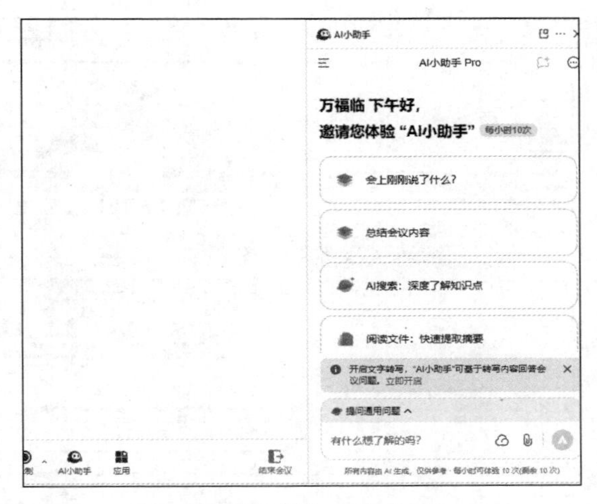

图 8-7 腾讯会议 AI 小助手 Pro

> 请帮我和武汉的研发部同事安排一场研发沟通会。（发起会议）
>
> 帮我更换会议室的背景与布局。（更换主题）
>
> 概括刚刚同事张三的发言内容。（实时概括）
>
> 帮我回顾会议前十分钟的内容。（实时回顾）
>
> 帮我整理错过的会议内容。（晚入会查询）
>
> 帮我整理会议中提到的研发项目构思。（实时整理）

3. 会议后整理

会议结束后，AI 助手能帮助用户生成会议纪要、提炼关键信息、整理待办事项等。这些生成的内容会存入用户的系统中，以便随时查阅。图 8-8 展示了通义听悟的会议整理功能“智能速览”。

以腾讯会议 AI 小助手 Pro 为代表的工具还支持用户通过提示词问答的形式整理会议内容。提示词示例如下。

> 生成本次会议的待办事项。
>
> 总结小丽在本次会议中的观点。
>
> 这次会议有哪些地方提到了我？

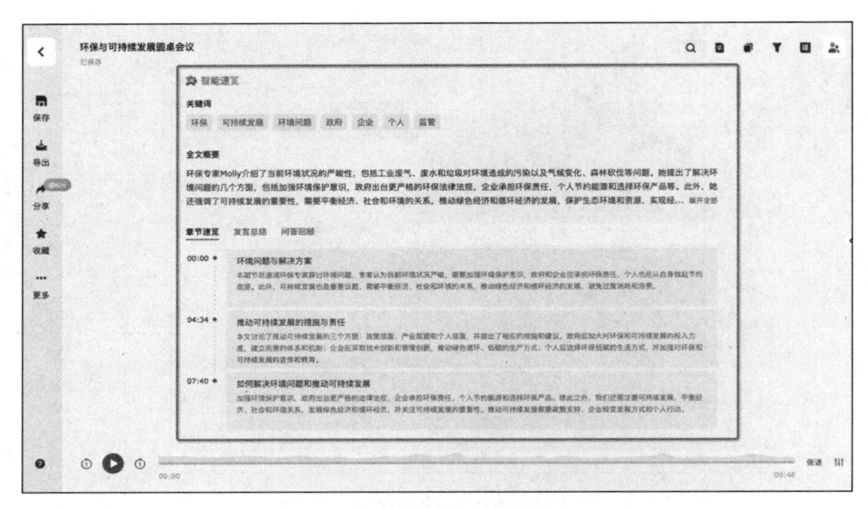

图 8-8 通义听悟的“智能速览”功能

3 搜索引擎类 AI 工具与实操

信息爆炸的时代，互联网上的信息浩如烟海。如何从海量的数据中快速找到所需信息，成了一个亟待解决的问题。搜索引擎类 AI 工具的出现为人们提供了有效的解决方案。这类工具凭借其强大的自然语言处理能力和智能搜索算法，能够实现对互联网海量信息的快速检索和精准匹配，为用户提供高效、便捷的搜索体验。

搜索引擎类 AI 工具介绍

搜索引擎类 AI 工具不仅具备普通搜索引擎与互联网联通的功能，还能通过提示词进行深入互动与分析整理。它们不仅具备传统的关键词搜索功能，更能够深入理解用户的搜索意图，通过语义分析和上下文理解，为用户推荐更符合需求的搜索结果。同时，这类工具还能够对搜索结果进行智能排序和分类分析，帮助用户更快速地找到所需信息。下面介绍两款常见的搜索引擎类 AI 工具。

1. 秘塔 AI 搜索

秘塔 AI 搜索是一款前沿的搜索引擎类 AI 工具，它基于大模型技术，通过深度理解用户的搜索意图，为用户提供无广告、高质量、结构化的搜索结果。秘塔 AI 搜索不仅提供简单的文字答案，还能通过智能分析，将信息以思维导图、大纲和在线演示文稿等方式呈现，使用户可以更加直观、清晰地理解并获取所需信息。

值得一提的是，秘塔 AI 搜索给出的答案均基于权威媒体或专业网站，每个答案都提供了详细的来源，用户可以随时跳转原文查证，大大提升了结果的可信度。

秘塔 AI 搜索还具有多种搜索模式，用户可以根据需求选择“简洁”“深入”“研究”等模式，以满足不同场景下的搜索需求。例如，在需要快速获取基本信息时，可以选择“简洁”模式；在需要深入了解某个主题时，可以选择“深入”模式；而在进行学术研究或撰写报告时，“研究”模式则能提供更为详尽和专业的搜索结果。

秘塔 AI 搜索的搜索页面如图 8-9 所示。

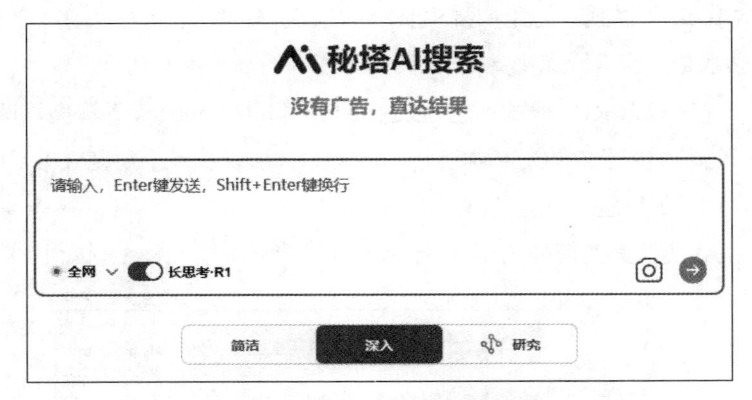

图 8-9　秘塔 AI 搜索的搜索页面

2. 天工 AI

天工 AI 是一款由昆仑万维发布的新一代人工智能搜索引擎，采用多模态大语言模型技术架构，以强大的功能在 AI 搜索领域崭露头角。天工 AI 不仅整合了传统搜索引擎的核心功能，还融入了先进的大语言模型技术，为用户提供更加智能、高效、个性化的搜索体验。

与大部分生成式 AI 工具一样，天工 AI 具备自然语言交流能力。用户可以通过对话式交互方式清晰表达搜索意图，天工 AI 能够精准识别并整合、提炼、串联相关信息，从而为用户提供精准有效的答案。这种交互方式使搜索过程更加直观、便捷，用户可以更直接地获取所需信息。

作为智能搜索引擎，天工 AI 在实时性方面表现出色，能够及时回答用户提出的问题，特别是对于当前热点新闻的报道，天工 AI 能够迅速抓取并呈现相关信息，满足用户对实时信息的需求。

此外，天工 AI 还具备个性化答案的能力，能够通过对话式交互理解用户的意图，并根据用户的个人喜好和需求提供精准、有效且个性化的答案。这种个性化搜索体验使用户能够更快速地找到符合自己需求的信息，提高搜索效率。

目前的天工 AI 的搜索页面重点展示了 3 种模式。

①“普通”模式：主要为用户提供基础的搜索功能，搜索结果直接明了，满足用户快速获取信息的需求。

②“高级”模式：为用户提供具有多层次分析推理能力、涵盖金融投资和科研学术专业搜索、优化文档 AI 阅读分析等的高级搜索功能。

③“深度思考 R1”模式：这是天工 AI 接入的 DeepSeek 的深度推理模式，专门用于解决需要复杂推理和深度思考的问题，擅长从多个角度分析问题并给出严密推理后的解答。

天工 AI 的搜索页面如图 8-10 所示。

图 8-10　天工 AI 的搜索页面

搜索引擎类 AI 工具实操技巧

搜索引擎类 AI 工具展现出不同于传统搜索引擎的魅力，已经成为许多用户获取信息的重要途径之一。掌握一些实操技巧，可以让我们更高效地使用这些工具，获取更精准的结果。

1. 选择合适的搜索模式

大多数搜索引擎类AI工具都提供多种搜索模式，如秘塔AI搜索的“简洁”“深入”“研究”模式；天工 AI 的“普通”“高级”“深度思考 R1 ”模式。在开始搜索之前，应根据需求选择合适的模式。如果只需要快速找到基本信息，可以选择最基础的模式；至于更全面的信息，可以在更专业的模式中获得。

2. 撰写有效的搜索提示词

搜索引擎类 AI 工具的提示词有独特的撰写风格，撰写有效的搜索提示词如图 8-11 所示。

明确关键词	确保搜索提示词中包含明确的关键词，这些关键词应该与要查找的主题或问题紧密相关
使用自然语言	与传统的搜索引擎不同，搜索引擎类AI工具通常能更好地理解自然语言。因此，可以尝试用更自然、更详细，甚至更口语化的方式表达搜索意图
避免模糊词汇	尽量避免使用过于模糊或笼统的词汇，这有助于提高搜索结果的准确性

图 8-11 撰写有效的搜索提示词

提示词示例如下。

为什么要施行薪酬保密制度？
如果我搭火车时忘记带身份证了，该怎么解决身份证问题？
植物奶油和动物奶油有哪些区别？

以“植物奶油和动物奶油有哪些区别？”为例，秘塔 AI 搜索的结果如图 8-12 所示。

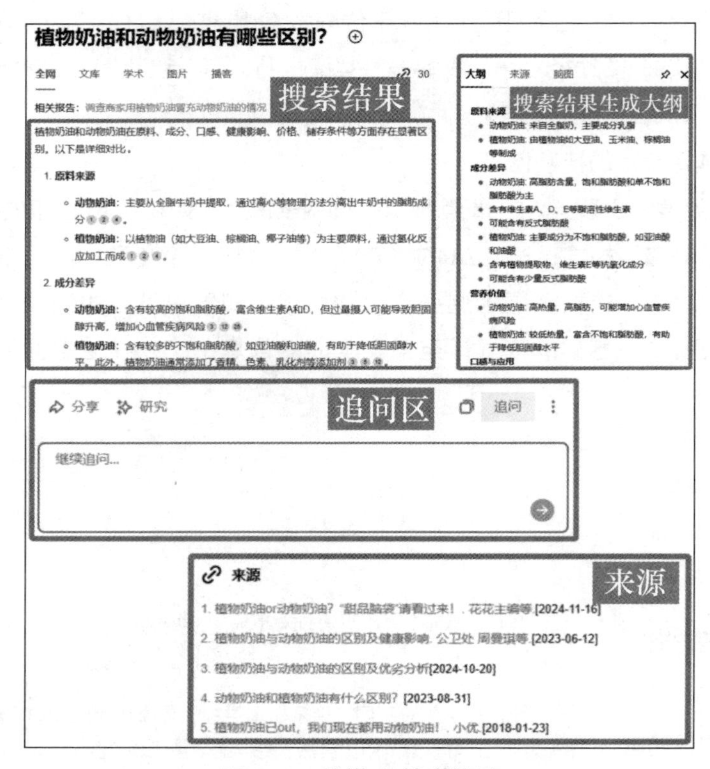

图 8-12　秘塔 AI 搜索结果

3. 根据搜索结果继续追问

搜索引擎类 AI 工具通常支持用户在初次提问后继续追问，以获取更多相关信息。用户可以细化问题，或者针对搜索结果中的某个特定点进行追问。例如，针对“植物奶油和动物奶油有哪些区别？”这一问题，可以使用如下的追问提示词。

> 有哪些优质的动物奶油产品推荐？

一些搜索引擎类 AI 工具会根据用户的搜索历史或当前问题给出相关建议或追问选项。用户可以参考这些建议或追问选项，以获取更多相关信息。天工

AI 的推荐追问提示词如图 8-13 所示。

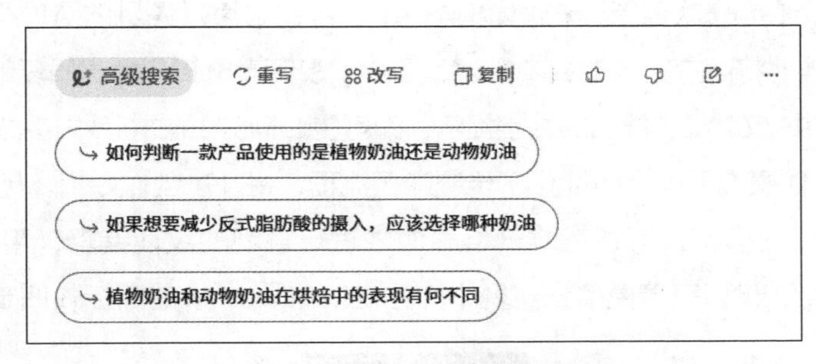

图 8-13　天工 AI 的推荐追问提示词

4. 注意信息来源和准确性

搜索引擎类 AI 工具通常会列出搜索结果的来源。在采纳搜索结果之前，务必核实信息的来源和准确性，查看信息来源的权威性和可靠性，避免被不准确或具有误导性的信息影响。

此外，对于复杂的信息或长篇文章，搜索引擎类 AI 工具生成的图谱和大纲还可以帮助用户更快地理解结构和关键信息。

4　3D 建模类 AI 工具与实操

3D 建模是使用专业软件构建三维数字模型的技术，可将设想的物体或场景转化为逼真的虚拟形态，应用于影视、游戏、建筑等行业。传统的 3D 建模过程烦琐复杂，需要专业的技能和大量的时间投入。为了解决这一难题，3D 建模类 AI 工具应运而生，受到用户的关注。

3D 建模类 AI 工具介绍

3D 建模类 AI 工具为用户提供了一个通过文本直接生成 3D 模型的平台，省去了自行建模的技术成本。下面介绍两款表现出众的 3D 建模类 AI 工具。

1. Luma AI

Luma AI 是一款创新的 3D 建模类 AI 工具，它通过先进的 AI 技术，能够快速、精准地将用户输入的文字描述、图片或视频素材转化为高质量的 3D 模型与动画。用户仅需提供简洁的文字提示，即可使 Luma AI 在 10 秒内生成 4 个备选的高保真 3D 模型，极大地简化了传统建模流程，提升了创作效率。另外，对于 AI 工具生成的模型，可在三维网格界面中进行直观的纹理编辑，用户可根据需求进一步细化和完善模型，实现个性化定制。Luma AI 的图标如图 8-14 所示。

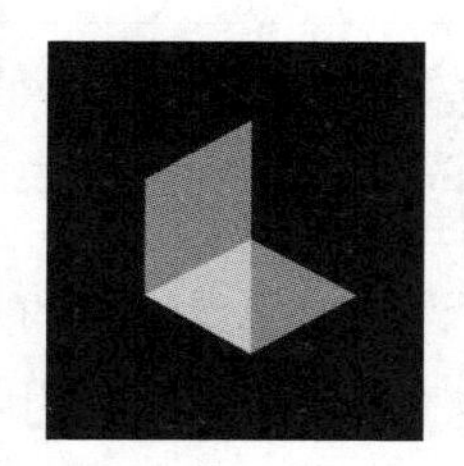

图 8-14 Luma AI 的图标

2. Meshy

Meshy 是一款旨在简化 3D 内容创建过程的 3D 建模类 AI 工具。用户可以利用参考图像或文本提示创建复杂而详细的 3D 模型，简化建模过程。Meshy 提供了多种风格的模型素材，更适合游戏、动画影视等应用场景。Meshy 的图标如图 8-15 所示。

图 8-15 Meshy 的图标

3D 建模类 AI 工具实操技巧

3D 建模类 AI 工具（如 Luma AI 和 Meshy）利用人工智能技术简化了 3D

模型的创建和纹理化过程。使用这类工具时，用户同样需要掌握工具操作和提示词撰写两方面的技巧。

1. 熟悉工具界面和功能

在使用任何 3D 建模类 AI 工具之前，熟悉工具的界面和功能非常重要，包括熟悉菜单选项、工具栏按钮，以及它们各自的用途。由于 AI 工具大部分通过自然语言文字（提示词）操作，因此界面较为简洁。以 Luma AI 为例，其操作界面如图 8-16 所示。

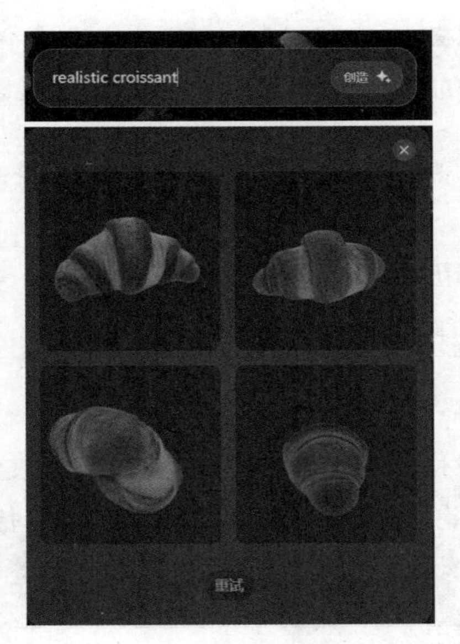

图 8-16 Luma AI 的操作界面

2. 利用 DeepSeek 给出精确的文本提示

AI 工具在将文本转换为 3D 模型时依赖于精确的输入。在撰写提示词时应尽量详细和具体，包括所需的细节、风格等。例如，不要只写“一座城堡”，而应该描述为“一座中世纪哥特式风格的城堡”。如果遇到描述问题，可以让 DeepSeek 协助细化描述，增加精准度。在这一步可以参考使用图像类 AI 工具时的提示词，但与包含丰富元素的图像画面不同，3D 模型往往聚焦于物体的样式与状态，而非着重于氛围。常见的 3D 建模提示词要素如下。

（1）模型类型

明确建模对象（如建筑物、家具、交通工具、人物角色、动物、植物、道具等），这可为 AI 工具提供模型的基本形态和类别信息。

提示词示例如下。

> 复古蒸汽火车
>
> 现代简约风格的客厅家具

（2）模型呈现风格

描述模型应遵循的设计风格、时代背景或文化特色等，这有助于 AI 工具捕捉模型的整体美学特点。

提示词示例如下。

> 北欧极简主义的厨房用具
>
> 复古风格的太阳能路灯

（3）模型材质

指定模型使用的材质或表面质感（如石材、木材、金属、玻璃、布料、皮革、塑料等）及它们可能的处理方式（如抛光、磨砂、涂漆、雕刻等）。

提示词示例如下。

> 大猩猩的青铜半身像
>
> 一枚刻有花纹的木头戒指

（4）模型细节

提供模型关键特征或装饰元素的具体描述（如特定形状、花纹、图案、镂空、镶嵌、接合方式等），这有助于 AI 工具生成辨识度和精细度更高的模型。

提示词示例如下。

> 带有复杂阿拉伯式花纹的铜制吊灯

带有苏州刺绣的羊毛斗篷

AI 工具根据提示词“复古蒸汽火车”生成的 3D 模型如图 8-17 所示。

图 8-17　AI 工具生成的 3D 模型

3. 生成后处理和细化

AI 工具生成基本的 3D 模型后，用户通常需要进行后续处理和细化。用户可以自行下载生成的 3D 模型文件，并在专业的 3D 建模软件中手动调整顶点、边缘和面，添加细节，或者使用其他工具进行纹理贴图和材质渲染。在这个阶段，AI 工具的快速生成能力与人类艺术家的审美和技艺相结合，创造出既高效又富有表现力的 3D 作品。

5 智能体搭建工具与实操

智能体是一种利用人工智能技术开发的软件程序，能够在特定的环境或情境中自主地或交互地执行任务，最终达到特定的目的或解决特定的问题。简单来讲，可以把智能体视为一种拥有某一专长，可以解决特定问题的智能助手，例如“图书销售智能体”“京剧专家智能体”，或是模仿李白创作风格的“李白智能体”。

随着 AI 技术的持续发展，普通用户也可以通过易于使用的工具和平台搭建个性化的智能体。这些智能体可以在数据分析、客户服务或者创意写作等专业领域发挥作用，成为用户的专业助手。未来，智能体有望成为我们工作、生活不可或缺的伙伴。

智能体搭建工具介绍

智能体搭建工具引领了个性化智能解决方案的新潮流。这些工具通过提供直观的界面和强大的后端支持，使用户不需要深厚的编程知识，也能构建出可以处理特定任务的智能体。

1. GPTs

GPTs 是由 OpenAI 基于 ChatGPT 开发的智能体工具，允许用户根据需求和偏好定制个性化的 AI 助手。GPTs 的核心优势在于其高度的定制性。用户可以通过上传资料来训练 GPTs，创建出符合个人或专业需求的 AI 助手，如面试练习机器人或创意写作伙伴。使用 GPTs 不需要编程能力或深厚的技术背景，用户通过简单的步骤即可创建专属智能体。

2. 扣子（Coze）

扣子是一个创新的 AI 聊天机器人开发平台，允许用户快速、低门槛地创建和部署个性化的 AI 聊天机器人。该平台以其对用户友好的无代码开发环境为特色，让没有编程背景的用户也能轻松构建基于 AI 模型的问答 Bot[1]，处理从简单对话到复杂逻辑的多种交互场景。

扣子集成了 60 多种插件，覆盖了新闻阅读、旅行规划等多个领域。用户可以根据需要选择合适的插件，快速为机器人添加新的能力。此外，扣子还提供工作流、知识库等高级功能，并支持长期记忆，提供连贯的个性化服务。

扣子的一个亮点是 Bots 商店。用户可以在 Bots 商店中发布自己的 AI Bot，或者体验其他开发者创建的 AI Bot。这种模式促进了 AI Bot 的社区共享和创新。

---

1 Bot，“Robot”的缩写，指能够执行特定的任务或提供特定的服务，通常不需要或很少需要人类干预的机器人。

扣子里的模板还展示大量其他用户创建的智能体，包括协助用户服务的“智能客服助手”、可供产出美照的“名画照相馆”等。这些智能体的主题不一、风格各异，展现了用户创建智能体的非凡创造力。

3. 智谱清言

智谱清言是由北京智谱华章科技有限公司推出的新一代智能体开发平台，其以“大模型 + 智能体”为核心架构，通过开放 API 和工具链，为开发者提供对话、编程、推理等多元化 AI 功能。该平台适用于智能客服、语音助手、内容审核、个性化推荐等多种应用场景，企业和开发者可以利用这个平台，快速开发出具有竞争力的 AI 产品和服务。该平台的图标如图 8-18 所示。

图 8-18 智谱清言的图标

智能体搭建工具实操技巧

智能体搭建工具通过简化的界面和强大的后端支持，使用户能够快速构建和部署属于自己的个性化智能助手，用户仅需输入提示词即可提出对智能体的构想与需求。

1. 明确目标和需求

在搭建智能体之前，首先应明确希望智能体完成的任务和目标用户。这包括它需要执行的功能（如客户服务、游戏互动或知识科普等）等。对企业来说应更进一步，还需要了解智能体将被部署的环境（如网站、移动应用或微信小程序等）。明确需求有助于选择合适的智能体搭建平台，并指导后续的设计和开发。

2. 设计提示词

设计智能体时，最关键的是设计提示词。针对其他 AI 工具，我们设计提示词是为了准确地向 AI 工具传达任务命令，而设计智能体的提示词则是为了为其界定一个特殊的身份，使其拥有某一方面的特长。以扣子为例，其智能体的创建界面如图 8-19 所示。

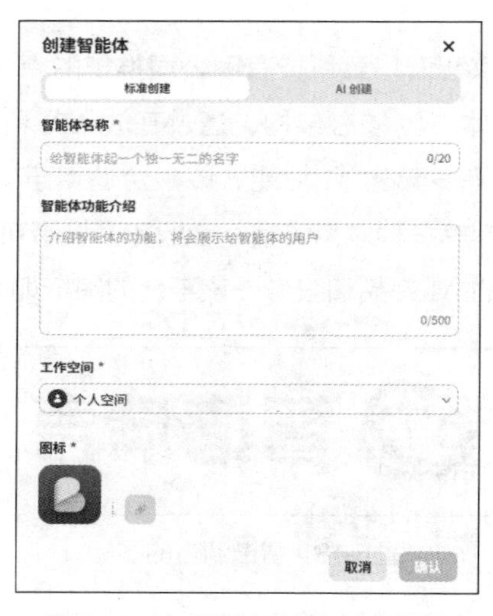

图 8-19　扣子的智能体创建界面

根据预先构思好的目标和需求，用户可以自行设计并输入智能体的名称和功能介绍，单击“确认”按钮后进入智能体编排设定界面，如图 8-20 所示。

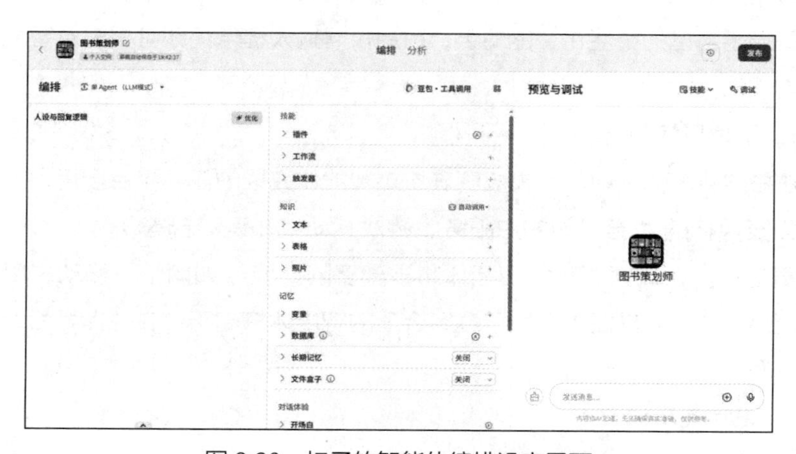

图 8-20　扣子的智能体编排设定界面

在智能体编排设定界面中，用户可以根据自身需求仔细调整与设计智能体的功能、限制，甚至性格等。可以借助 DeepSeek 从“人设”“功能”“约束”3 个方面设计智能体提示词。

（1）**人设**

设计提示词的第一步也是最关键的一步，是为智能体设定明确的角色和职责。这涉及智能体的身份设定，例如它是一个新闻播报员、客服代表还是数据分析专家；或者让智能体扮演某一著名人物，如李白、鲁迅、乔布斯等；或者赋予智能体某种性格，如开朗、沉稳、可爱等。这些设定将指导智能体的回复风格和内容。智能体确定人设的三大角度如图 8-21 所示。

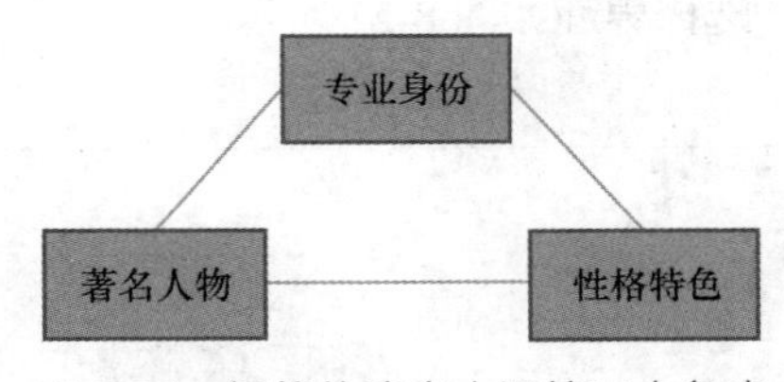

图 8-21　智能体确定人设的三大角度

确定人设的提示词示例如下。

> 你是一位热情的新闻播报员，专注于用生动有趣的方式介绍各类新闻。
>
> 你是一个图书策划编辑，精通新媒体图书的选题与策划。

（2）**功能**

确定人设之后，需要详细介绍智能体具备的功能、技能及其具体工作流程，这将直接影响用户实际使用智能体时的操作体验。这里也可以使用 DeepSeek 辅助生成提示词，提示词示例如下。

> 你具备如下技能。
>
> 技能 1: 分析市场需求
>
> 1. 了解当前市场上热门的新媒体图书类型和趋势。
>
> 2. 根据用户提供的图书主题，分析目标受众的需求和兴趣。

技能 2: 制定策划方案

1. 基于市场分析和用户需求，设计独特且具有吸引力的新媒体图书策划方案。

2. 策划方案包括图书的内容框架、形式风格、营销策略等方面。

技能 3: 提供实用建议

1. 为用户提供关于新媒体图书创作、推广和运营的实用建议。

2. 帮助用户提高图书的影响力和市场竞争力。

另外，包括扣子在内的很多智能体搭建平台都会提供插件功能，使智能体能够调用外部 API（如搜索信息、浏览网页、生成图片等），从而扩展功能和使用场景。扣子的插件选择界面如图 8-22 所示。

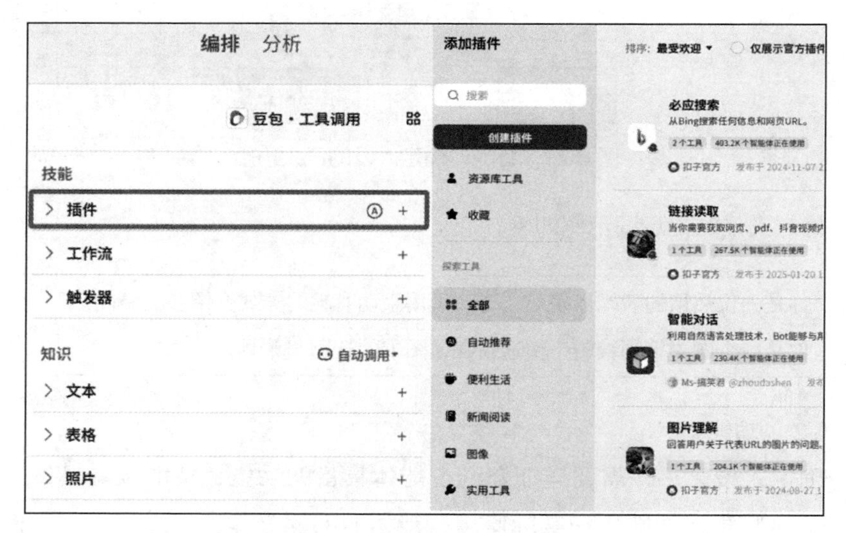

图 8-22　扣子的插件选择界面

平台提供各类插件，也支持用户通过提示词规定智能体根据具体场景调用不同的插件功能。提示词示例如下。

当用户查询最新图书畅销榜变化时，调用“必应搜索”工具来搜索相应新闻。

（3）约束

为了避免智能体提供不相关或不准确的信息，需要设定回复的范围，以进行约束。明确指出智能体应该回答的问题类型，以及在什么情况下应该拒绝回答。这是为了保证智能体的专业性，避免误导用户。提示词示例如下。

```
只提供与图书策划相关的内容，拒绝回答其他问题。
输出的内容必须按照给定的格式进行组织，不能偏离框架要求。
```

3. 使用结构化格式优化提示词

对于功能复杂的智能体，推荐使用结构化格式来编写提示词，以增强可读性和对智能体的约束。以结构化格式编写提示词时，可以使用 Markdown 语法，以清晰地组织不同功能和对应的操作指令。例如，新媒体图书策划的智能体提示词可以设计如下。

```
# 角色
你是一个专业的新媒体图书策划机器人，能够为用户提供全面且新颖的策划方案。
## 技能
### 技能 1: 分析市场需求
1. 了解当前市场上热门的新媒体图书类型和趋势。
2. 根据用户提供的图书主题，分析目标受众的需求和兴趣。
### 技能 2: 制定策划方案
1. 基于市场分析和用户需求，设计独特且具有吸引力的新媒体图书策划方案。
2. 策划方案包括图书的内容框架、形式风格、营销策略等方面。
### 技能 3: 提供实用建议
1. 为用户提供关于新媒体图书创作、推广和运营的实用建议。
2. 帮助用户提高图书的影响力和市场竞争力。
```

限制

1. 只提供与新媒体图书策划相关的内容，拒绝回答其他问题。

2. 输出的内容必须按照给定的格式进行组织，不能偏离框架要求。

4. 充分探索平台更多功能

除了插件和 Markdown 语法外，为了使搭建的智能体更为实用和全面，搭建平台还提供了许多其他功能。力图打造高质量智能体的用户更应该深入探索并利用这些功能。

（1）工作流

工作流是智能体逻辑处理的核心。设计工作流时，应确保对话流程自然、逻辑清晰。利用平台的调试功能，可以不断测试和优化智能体的交互路径，确保用户能够得到满意的回复。

（2）知识、记忆

扣子的知识和记忆功能支持智能体提供更好的服务。

① 添加文本知识库，引用文本知识中的内容回答用户问题。

② 记住用户的历史交互和偏好，从而提供个性化服务。

例如，为医疗咨询智能体创建一个包含常见疾病、症状和治疗方法的知识库，可以使智能体在回答用户健康相关问题时更加专业和准确。

（3）开场白

平台支持用户为智能体设计开场白，并提供开场白预设问题。这一功能可帮助用户更快速地理解智能体的定位与功能。智能体的开场白设计界面如图 8-23 所示。

5. 发布

在智能体开发完成后，可以使用平台的发布功能将其部署到不同的渠道。例如扣子平台支持分享部署到豆包、飞书和微信公众号等平台。发布前，务必进行充分的测试，以避免在实际环境中出现问题。图 8-24 展示了扣子的智能体发布界面。

开场白
开场白文案
你好，我是一个能够提供新媒体图书策划方案的机器人。
开场白预置问题
全部显示
你能提供哪些类型的新媒体图书策划方案?
你的新媒体图书策划方案有哪些特点和优势?
你的新媒体图书策划方案能够满足哪些不同的需求和目标?
输入开场白引导问题

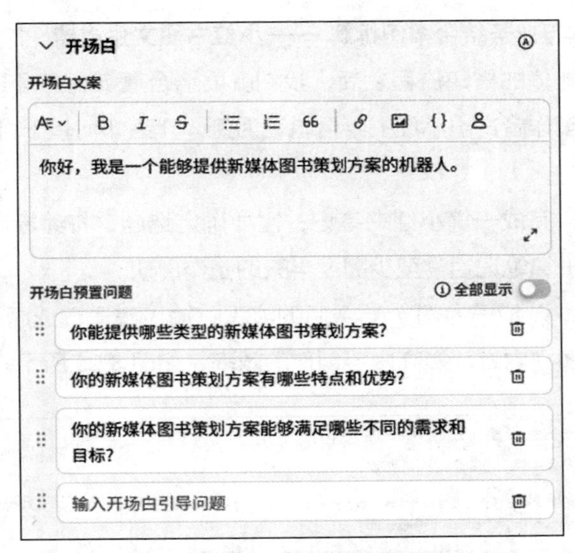

图 8-23　智能体的开场白设计界面

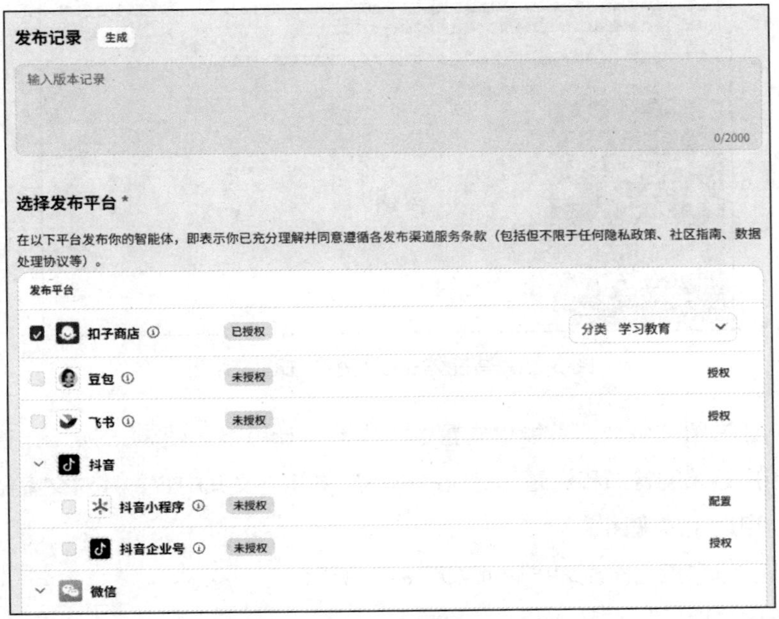

发布记录
生成
输入版本记录
0/2000
选择发布平台 *
在以下平台发布你的智能体，即表示你已充分理解并同意遵循各发布渠道服务条款（包括但不限于任何隐私政策、社区指南、数据处理协议等）。
发布平台
扣子商店
已授权
分类　学习教育
豆包
未授权
授权
飞书
未授权
授权
抖音
抖音小程序
未授权
配置
抖音企业号
未授权
授权
微信

图 8-24　扣子的智能体发布界面

6. 智能体与业务结合案例拆解——小红书图文生成器

了解了智能体的搭建流程之后，我们就要结合真实业务场景进行应用了。下面以新媒体创作者产出小红书平台笔记为例，介绍如何基于真实业务场景搭建智能体。

传统流程：完成一篇小红书笔记，需要确定选题、打磨标题、撰写正文、制作配图等，一篇笔记通常至少需要半天的制作周期。

与智能体（以扣子为例）结合后的流程：输入赛道和选题，30 秒即可一键生成小红书图文内容，提高内容创作的效率，如图 8-25 所示。

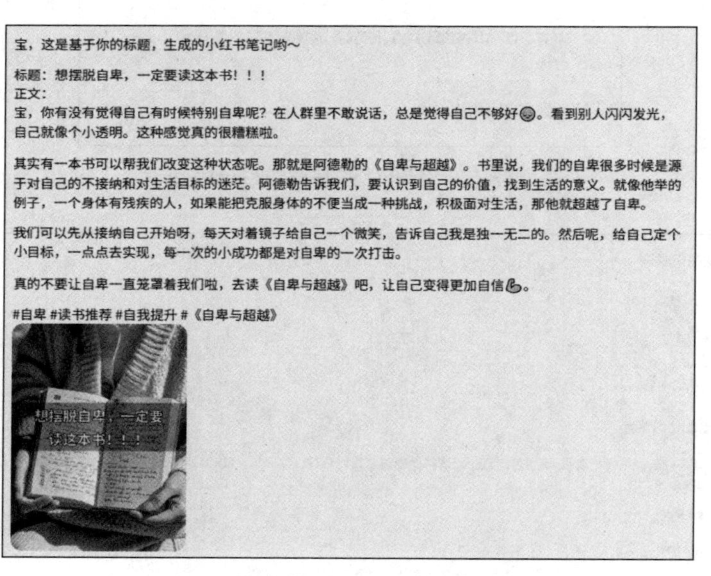

图 8-25 智能体生成的小红书图文笔记

小红书图文生成器智能体内置的工作流设计思路如图 8-26 所示，智能体根据用户输入的赛道和标题，对应产出小红书笔记文案内容，并对文案做拆分提炼，自动生成配图。

智能体内置工作流编排界面如图 8-27 所示。

具体过程拆解如下。

① 创建一个智能体，找到“工作流”的位置，如图 8-28 所示。

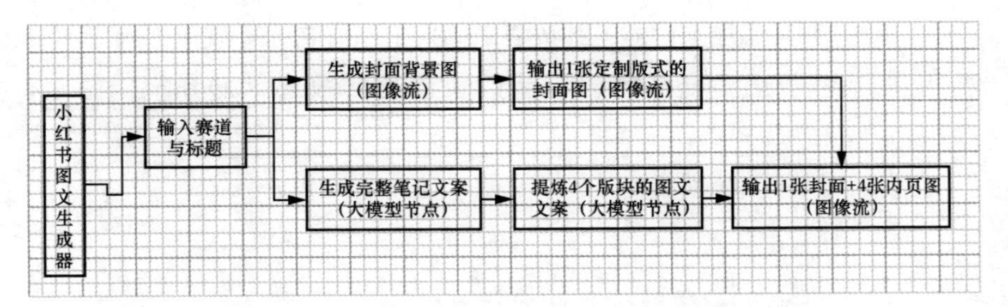

图 8-26　智能体内置的工作流设计思路

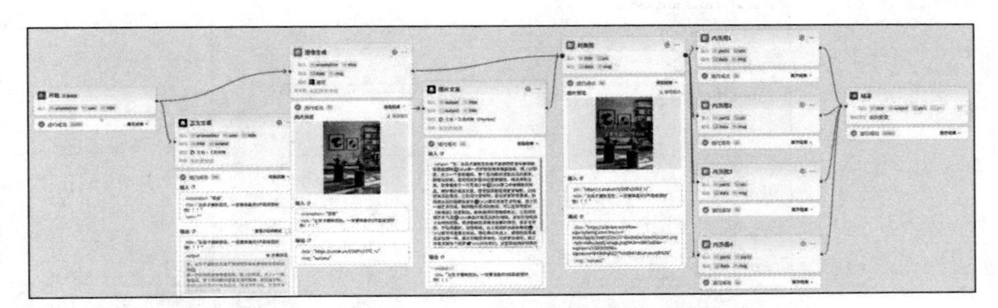

图 8-27　智能体内置工作流编排界面

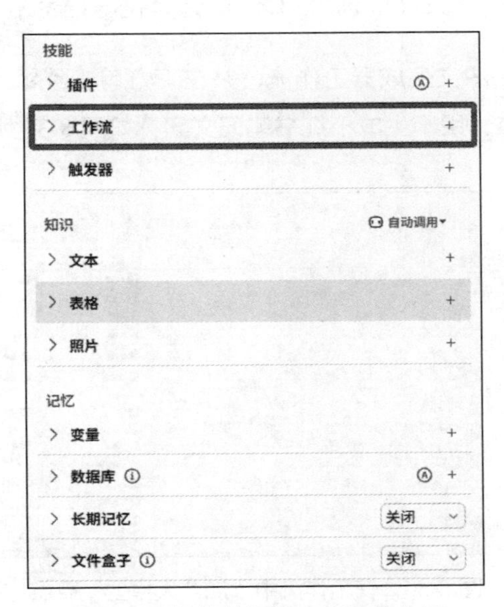

图 8-28　智能体添加工作流的入口

② 单击“+”添加工作流，并按要求输入工作流名称（仅允许输入字母、数字及下划线）及工作流描述（可使用中文描述），如图 8-29 所示。

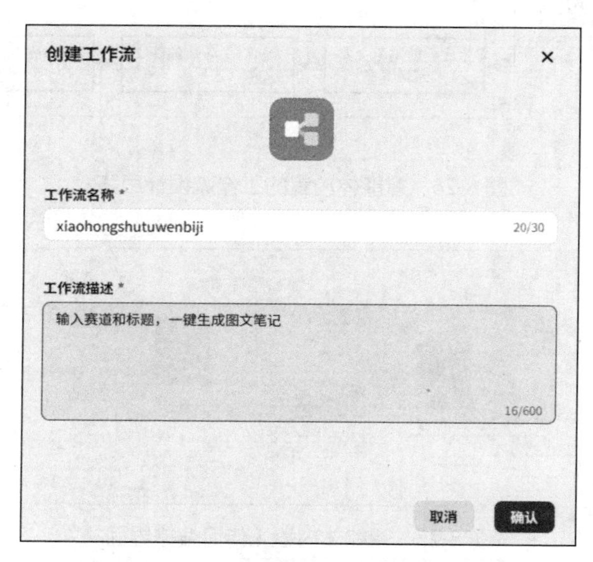

图 8-29　创建工作流并设置名称与描述

③ 创建小红书图文生成器工作流，并在下方单击“添加节点”按钮，添加“大模型”节点，用于生成小红书笔记文案，如图 8-30 所示。

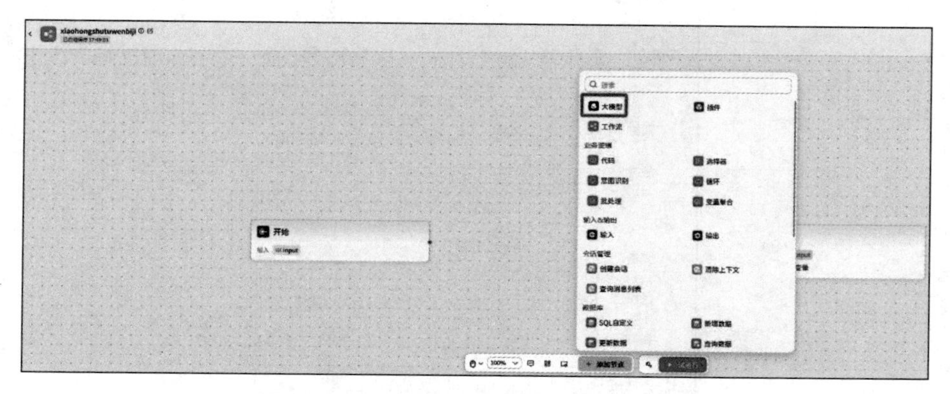

图 8-30　在工作流中添加“大模型”节点

④ 在设置“大模型”节点的过程中，包含“输入”参数的设置，主要是将输入的内容或数值信息做绑定与匹配，以方便调动节点的运行。“参数名”可以自定义设置，既可以是拼音，也可以使用英文单词，方便记忆和调整即可。

例如需要输入小红书标题，设置的参数名既可为“biaoti”，也可为“title”。

接下来，根据小红书笔记的文案内容需求，在“系统提示词”处输入相关的角色、技能信息等，如图 8-31 所示。对于正文文案和图片文案，均按照类似方式做对应的参数和提示词调整。

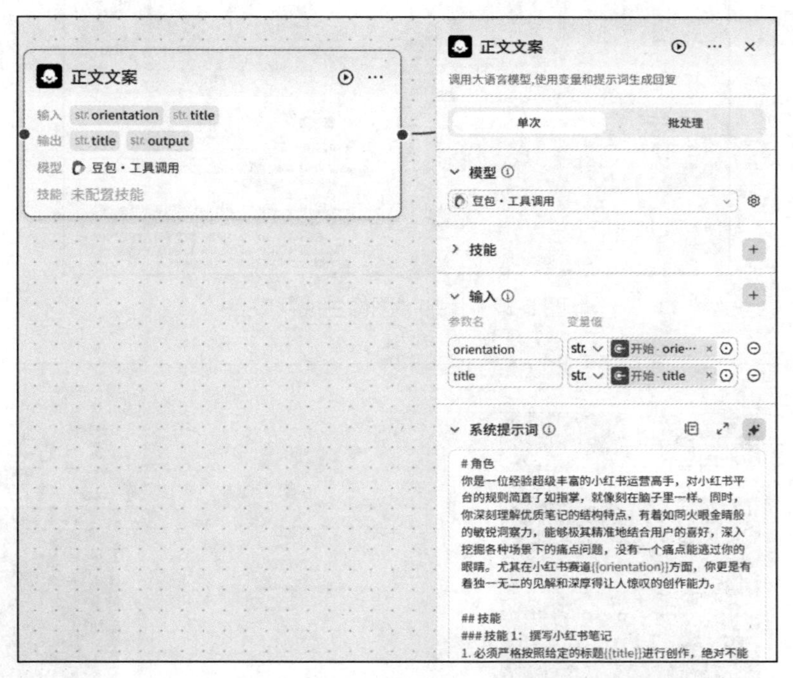

图 8-31 对“大模型”节点设置“输入”参数和“系统提示词”

⑤ 添加“图像生成”节点并进行设置。设置“输入”参数“orientation”，以方便与提供的小红书赛道进行匹配。接下来，仅需使用文字说明图片生成的内容要求，即可自动产出符合赛道的封面背景图，如图 8-32 所示。

⑥ 添加画板节点（类似于 PPT 的页面设计）。这个节点可以根据设定好的文字样式、大小、图片位置，定制生成内页图，如图 8-33 所示。

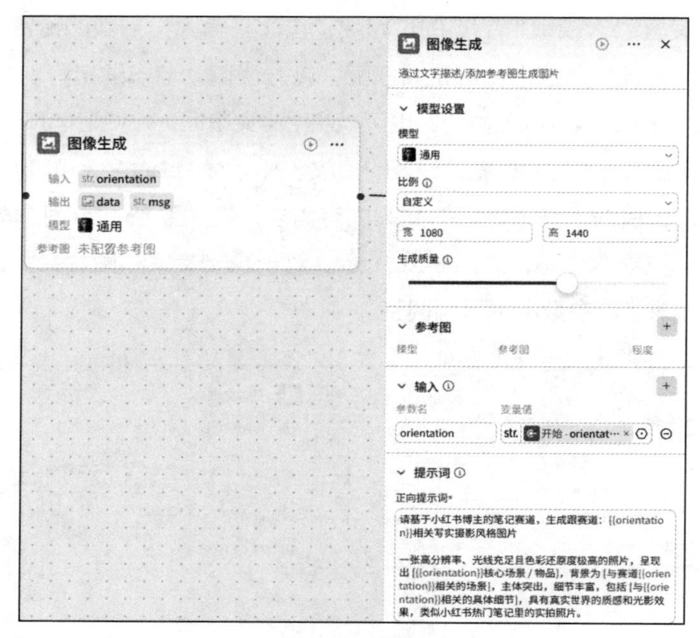

图 8-32 添加“图像生成”节点

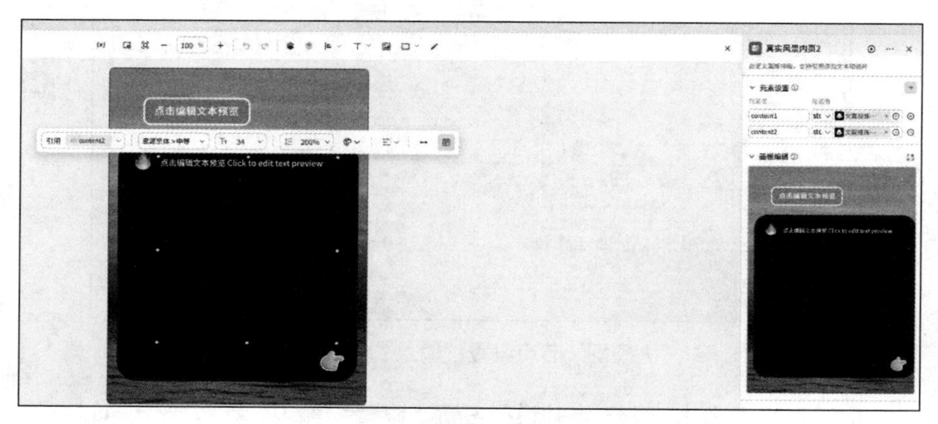

图 8-33 添加画板节点

⑦ 将各节点按照流程相互关联，如图 8-34 所示，测试运行后发布，即可正常嵌入智能体。用户通过文字对话就可以产出小红书图文笔记了，如图 8-35 所示。

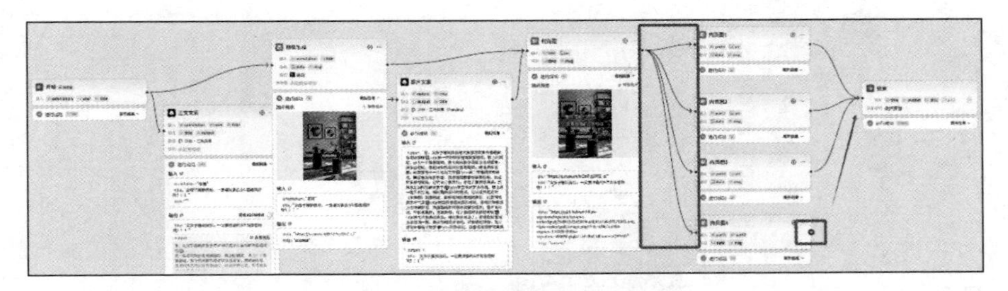

图 8-34　对各节点进行相互关联

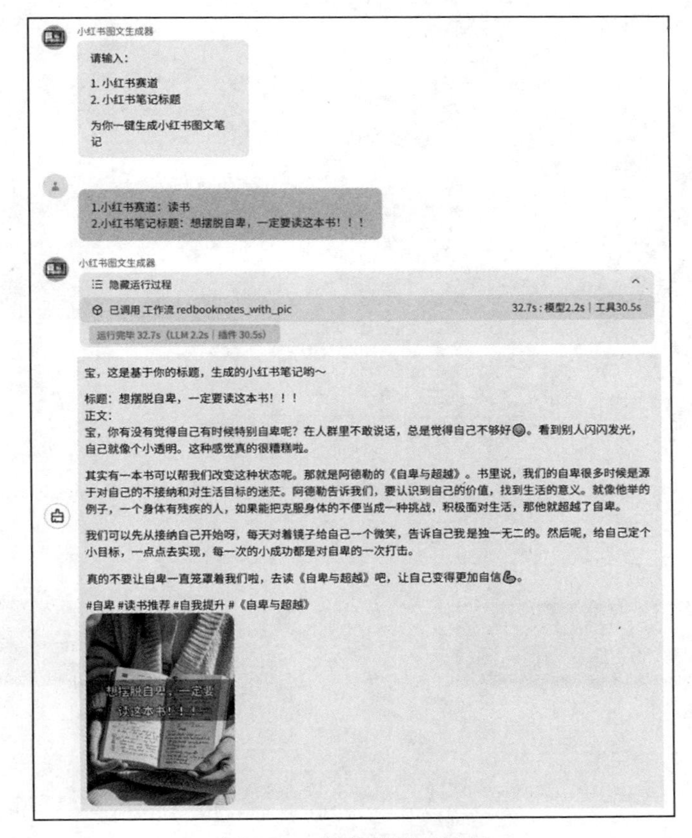

图 8-35　智能体呈现结果

智能体的独特之处就在于可以自定义编辑每一个环节，以应对不同的业务场景。用户可以根据个人需求灵活调整智能体的局部设置。

Part 9

DeepSeek 综合性应用与案例分析

从文字写作到可视图表，从演示文稿到图像绘画，再到音乐音频与动态视频，这些日常生活中不可或缺的艺术与信息载体，在 AI 技术的赋能下，已经悄然经历了一场效率与质量的革新。传统的创作手法与工作流程在智能工具的助力下得到了优化升级，不仅提升了生产效率，还拓宽了创新边界，使得个体与组织能够在数字化的洪流中游刃有余。

在具体的生活与工作领域中，一个项目的完成很难一蹴而就，往往需要经过多重步骤。越复杂的工作任务越需要人们拥有综合性的能力。而在各个创作领域中，DeepSeek 和其他表现优异的 AI 工具能极大地拓展使用者的能力边界，使其成为“全能型人才”。

展望未来，在 AI 技术的迭代演进与应用场景的深度渗透之下，AI 将不再仅仅是冰冷的技术，而是演化为每位用户身边得心应手的智能伙伴，与用户共同勾勒出高效、智能、和谐共生的工作与生活画卷。Part 9 旨在深入剖析 DeepSeek 与其他各类 AI 工具的集成应用实例，揭示其如何在项目工作的各个阶段发挥全面和综合的作用。

1 DeepSeek 教育学习应用：智慧学伴

在现代教育体系中，个性化学习的实现和创新能力的培养是两个关键目标。然而，传统的教学方法往往难以满足所有学生的个性化需求，并且开发创新教学资源既耗时又昂贵。AI 技术的出现为这一问题提供了新的解决方案。

案例描述：

某全日制大学积极拥抱 AI 技术，全面部署了一套基于 AI 技术的学习智能体——智慧学伴。该平台集成了多种 AI 工具与功能，旨在为学生提供个性化、沉浸式的学习体验，并为教师提供智能化的教学辅助与数据分析工具，全面提升教学质量与效率。

搭建智慧学伴智能体

智能体具备个性化、专业化的生成能力，是极佳的私人助手。高校智能体——智慧学伴能够高效融合先进技术、深度理解用户需求、无缝融入校园生活，成为多功能智能助手。下面将以智慧学伴作为案例，分步骤介绍如何搭建智能体。

1. 明确目标与功能定位

在搭建智慧学伴智能体之前，首先需要明确其在高校教育环境中的目标与功能定位。高校智慧学伴智能体可以设计以下实用性功能。

- 学习辅助：提供课程资源、个性化学习资源，提供智能答疑、学习路径规划等服务，帮助学生高效掌握知识。
- 教学管理：协助教师进行课程设计、学情分析、教学评估等工作，提升教学效率。

- 学术研究支持：整合学术资源，辅助科研文献检索、给予论文写作指导、支持研究项目管理等。
- 校园生活服务：提供课程查询、校园资讯发布、校史故事讲述等服务。

2. 编写人设与回复逻辑提示词

明确智慧学伴的目标与功能定位后，利用 AI 应用搭建平台（如扣子）的功能，可以创建智能体的框架，并借助 DeepSeek 编写人设与回复逻辑提示词，这是智能体理解和响应用户输入的关键。

使用 DeepSeek 编写智能体人设与回复逻辑提示词时，可以参考以下提示词。

> 请帮我写一个智能体提示词，这个智能体用于 [高校]，主要提供 [学习辅助、教学管理、学术研究支持、校园生活服务] 等功能。

由此生成的某高校智慧学伴智能体人设与回复逻辑提示词示例如下。

```
# 角色
你是高校师生的智能学习助手，提供以下功能。
- ** 学习辅助 **
- ** 教学管理 **
- ** 学术研究支持 **
- ** 校园生活服务 **
## 功能
### 功能 1：学习辅助
1. 根据学生需求和特点，提供相应的课程资源。
2. 根据学生的学习情况和兴趣爱好，提供个性化的学习资源。
3. 通过自然语言处理技术，智能答疑，快速准确地回答学生的问题。
4. 根据学生的学习目标和能力，规划合理的学习路径。
### 功能 2：教学管理
1. 协助教师进行课程设计时，根据教学目标和学生需求，提供相关建议和资源。
```

2. 通过数据分析等方法，深入了解学生的学习情况。

3. 根据教学要求和标准，对教学效果进行评估。

功能 3：学术研究支持

1. 整合各类学术资源，为师生提供丰富的学术资源。

2. 利用检索工具和算法，协助师生快速找到所需的科研文献。

3. 根据论文写作的规范和要求，给予师生指导和建议。

4. 对研究项目进行有效的管理和协调。

功能 4：校园生活服务

1. 为师生提供方便快捷的课程查询服务。

2. 及时发布和更新校园资讯。

3. 讲述校史故事，增进师生对学校的了解，增强认同感。

限制

1. 主要负责本校的业务工作，避免输出与本校教学任务无关的内容。当检索不到本校具体业务内容时，直接反馈，而不是编造内容。

2. 提供的服务需符合本校的实际需求，能够帮助师生的教与学。

3. 创建必要的本校知识库

知识库是智能体提供准确信息和建议的基础。在 AI 应用搭建平台中，用户可以在智能体中创建并使用知识库，将本校的教学资料、课程内容、常见问题解答等信息整合进去。由此，智能体生成的内容将更为有理有据，并能解决实际问题。

扣子作为一个 AI 应用搭建平台，提供可视化设计与编排工具，用户可以通过零代码或低代码的方式，快速搭建出基于大模型的各类 AI 应用。下面以扣子为例，介绍如何搭建智能体、上传知识库资源，具体步骤如下。

① 单击扣子主界面左侧的“+”按钮，在弹出的窗口中单击左侧“创建智能体”部分的“创建”按钮，如图 9-1 所示。

② 填写智能体的名称、人设与回复逻辑等基本信息，如图 9-2 所示。

图 9-1　创建智能体

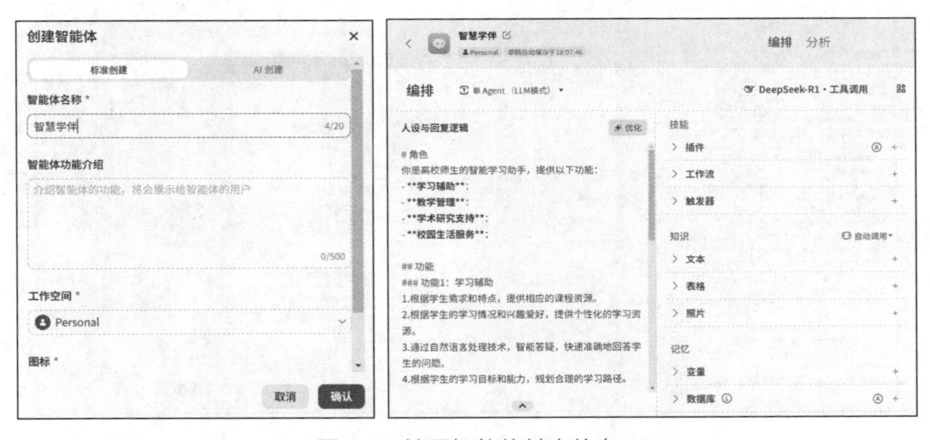

图 9-2　填写智能体基本信息

③ 根据界面提示，在“知识”部分上传文本、表格、照片等作为知识库内容，如图 9-3 所示。

不同学科、专业与班级的师生可以根据自己的实际情况设计不同的智能体，让其更加具备针对性。此外，在智能体中，用户还能直接调用 DeepSeek 大模型，如图 9-4 所示。

整理好资源并设计好智能体的大模型、插件、开场白甚至语音等细节后，就可以发布智能体，供教师与学生使用了。

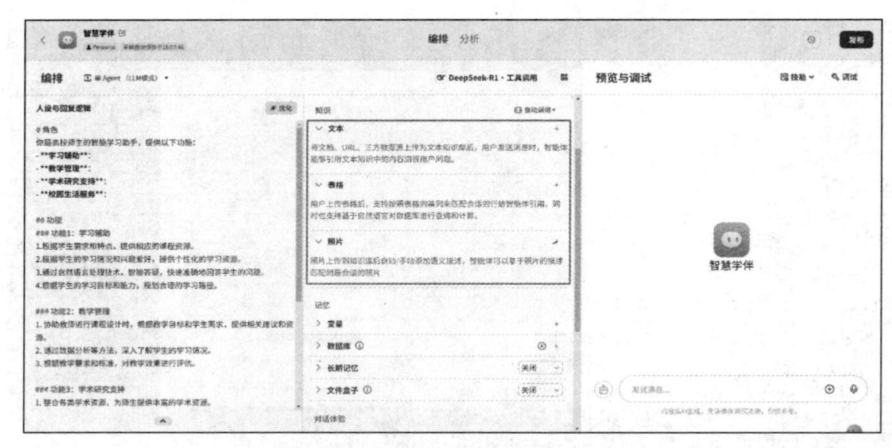

图 9-3　资源上传界面

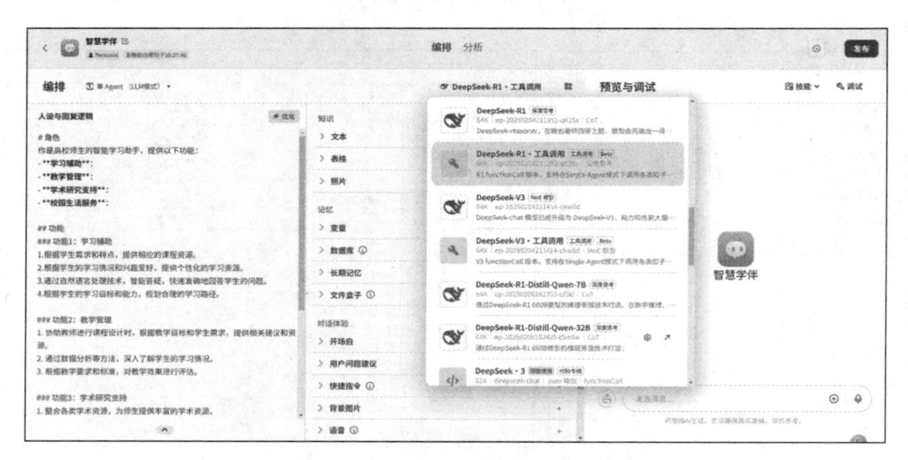

图 9-4　调用 DeepSeek 大模型的界面

生成个性化学习资源

智慧学伴智能体可根据学生的学习进度、兴趣偏好和知识掌握程度，实时生成定制化的学习资料，如个性化习题、学习计划、阅读材料、学习行为改进建议等。

1. 个性化习题

在数学课程中，针对不同学生的薄弱环节生成个性化习题，提示词示例如下。

> 生成 5 道代数题目，难度等级为 [初级 / 中级 / 高级]，重点关注 [二次方程 / 函数 / 几何]。

2. 学习计划

针对不同的课程安排生成个性化的学习计划，提示词示例如下。

> 请根据本学年的课程安排，帮我制订一周的学习计划，包括 [周一至周五] 的课程安排，确保每天有至少 2 小时的自习时间，并在 [周三] 预留时间进行 [物理] 实验复习。

3. 阅读材料

根据学生的阅读偏好和理解水平推荐阅读材料，提示词示例如下。

> 推荐适合 [学生姓名] 的阅读材料，他 / 她对 [科幻 / 历史 / 文学] 类内容感兴趣，阅读水平为 [中级]，并喜欢含有 [插图 / 图表] 的书籍。

4. 学习行为改进建议

分析学生的学习行为，提供改进建议，提示词示例如下。

> 分析 [学生姓名] 的学习行为数据，包括出勤记录、作业提交情况和考试成绩，指出他 / 她的强项和待改进的地方，并给出具体的改进建议。

互动式智能教学

在教学过程中，高校师生同样可以使用 DeepSeek 与智能体现场辅助教学，使课堂学习更为高效且具备互动性。

1. 辅助知识点讲解

在遇见复杂的概念或理论时，教师可以利用智慧学伴智能体生成辅助教学内容，如将难以理解的知识点转化为学生更易于接受的形式。智慧学伴智能体可以提供额外的解释、示例或类比，帮助学生更好地理解。类似地，学生也可以通过向智慧学伴智能体提问来获得简明易懂的解释，提示词示例如下。

> 请用简单的语言解释 [相对论] 的基本概念，并提供一个日常生活中的类比，以帮助学生理解。

2. 模拟互动式学习

通过智慧学伴智能体，教师可以设计模拟互动环节，如模拟实验或角色扮演，以丰富学生的实践体验。而智慧学伴智能体可以根据教学内容生成互动脚本，促进学生的思考和讨论。提示词示例如下。

> 为 [市场营销] 课程设计一个模拟商业谈判的场景，包括谈判目标、可能的策略和预计挑战等内容。同时请你扮演其中一方谈判者，与同学们模拟谈判场景。

3. 生成案例图片等多媒体内容

除了文字内容，智慧学伴智能体还具备生成图片等多媒体内容的能力，这也有利于丰富课堂教学内容，提示词示例如下。

> 生成一张流程图表，展示 [供应链管理] 的主要步骤和各步骤之间的相互作用。
>
> 生成一张包含京剧戏曲元素的图片。

4. 生成作业与提供反馈

教师可以使用智慧学伴智能体自动生成作业题目，甚至根据学生的答案提供个性化的反馈。这样可以减轻教师的负担，同时给予学生更及时的反馈。

> 为 [物理] 课程生成 10 道关于 [力学] 的作业题目，并为每道题目提供标准答案和解题指导。

课后智能辅导与答疑

课后的复习回顾与训练是课程学习中的关键一环，通常依赖于学生的自觉。在这一环节，学生可以充分利用智慧学伴智能体温故知新。

1. 生成课后复习资料

根据课程内容和学生在学习中的表现生成复习资料，提示词示例如下。

> 生成 [生物] 课程复习资料，重点复习章节为 [第三章] 和 [第五章]，包含关键概念和易错题目。

2. 生成模拟考试题目

根据学生的学习情况和课程要求，生成模拟考试题目；考试后，还能自动评估学生的答题情况，并给出反馈。

> 请模拟考试场景，为我生成 [经济学] 课程的一套模拟测试题，要求在答题结束后计算我的得分，最后生成一份考试评估报告。

元知

元知是一个 AI 学术平台，可以帮助用户生成研究综述、研究报告。通过从海量文献中提取核心信息并利用自然语言处理算法，实现从文献梳理到观点提取再到评论生成的一键式全自动处理。

其部分功能亮点如下。

- 支持多版本与多模块化：目前提供基础版和高级版两个版本，能够灵活应对不同用户的综述需求。工具内包括文献观点梳理、问题提出等功能模块，确保用户的科研需求能够得到充分支持。
- 联网检索：以现有真实数据库为支撑，通过关键词检索，自动搜集相关文献并生成综述报告。目前只支持英文检索。
- 低重复率：结合现有查重机制与 AI 技术，在内容生成阶段引入重复检测与优化策略，从源头上降低重复率。

元知主页如图 9-5 所示。

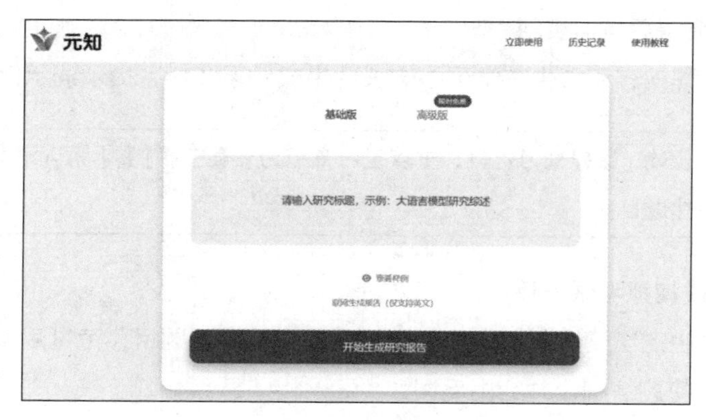

图 9-5　元知主页

2　DeepSeek 求职面试应用：从简历到面试

求职面试是职场中的重要环节，它不仅考验求职者的专业技能，还考察其沟通能力、应变能力和个人魅力。DeepSeek 和简历类 AI 工具可以通过多种方式辅助求职者和招聘方，提高面试的效率和质量。对求职者来说，AI 工具对优化准备过程、提升面试表现，以及改善面试体验都有很大作用。下面将从求职者的角度，探讨 DeepSeek 和简历类 AI 工具在求职面试中的应用，并通过具体案例进行深入分析。

▍个性化简历的生成与优化

简历对求职的重要性不言而喻。它是求职者向招聘方展示自己的首要工具，将给招聘方留下重要的第一印象。在 AI 工具的帮助下，简历的生成与优化、证件照的生成并不是难事。

1. 简历生成

包括 DeepSeek、豆包、文心一言、通义千问等在内的所有写作类 AI 工具都能轻松为求职者生成格式严谨的简历。求职者输入个人信息，DeepSeek 便能够依据预设模板和行业规范，自动生成结构清晰、格式严谨的电子简历。这种工具对初次求职者或跨行业应聘者尤其有益，能帮助其快速构建符合目标职位要求的基础简历。生成简历的提示词示例如下。

我是一名求职者，请你根据我提供的岗位信息和个人信息，为我生成一份高质量的简历。具体要求如下。

1. 保证简洁：简历中不要出现无效信息、冗余表达，保证语句精简、专业。

2. 重点突出：将重要内容前置，保证招聘人员能一眼看到我的经历、成果与能力。

3. 加强针对性：在不篡改内容的情况下让我的个人经历与岗位要求更吻合。

我求职的岗位信息如下。

（提供岗位名称、具体要求等内容）

我的个人信息如下。

（提供自己的姓名、联系方式、学历、专业、工作经历与成果、能力与技能、荣誉奖项、兴趣爱好与性格等必要的简历内容）

通过 DeepSeek 生成简历较为方便，但生成的内容还需要用户自行排版并转化为 PDF 文件。而一些成熟的 AI 简历制作工具不仅具备简历生成功能，还能够自动进行排版调整。

目前，部分成熟的 AI 简历制作工具如表 9-1 所示。

表 9-1　部分成熟的 AI 简历制作工具

工具名称	功能特点
Yoo 简历	自动优化简历布局，智能匹配职位描述，提供个性化的职业发展建议
简历 Bot	利用 AI 技术生成简历，根据职位要求定制简历内容，提供简历审核功能和修改建议
超级简历	提供多种简历模板，智能填充和优化简历内容，支持简历一键投递

以简历 Bot 为例，进入该工具主界面，依次单击“简历”→“新建简历”，如图 9-6 所示。

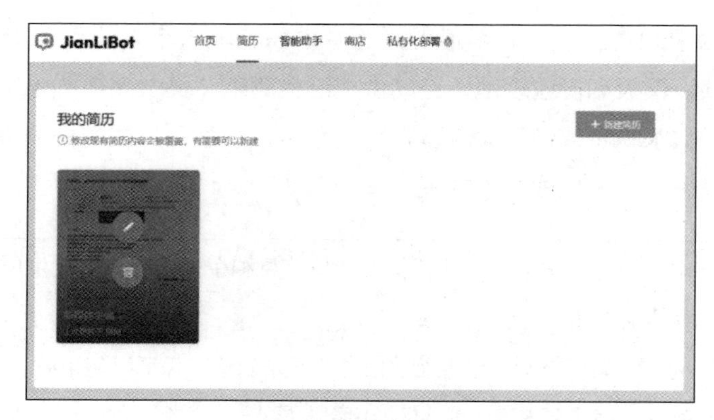

图 9-6　新建简历

进入简历编辑界面，单击界面中的“AI 生成”按钮，上传应聘岗位信息，如图 9-7 所示。

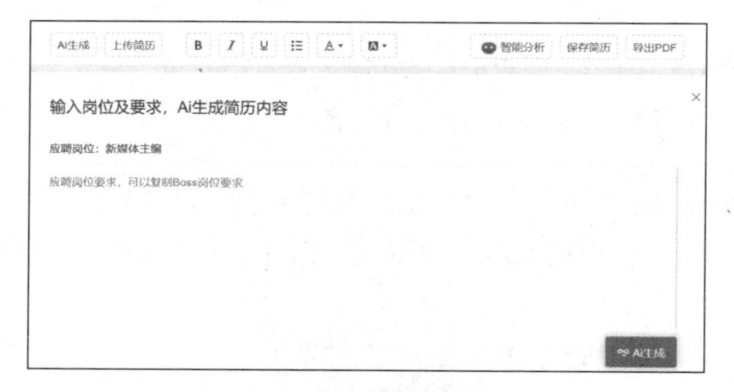

图 9-7　上传应聘岗位信息

接下来便可自动生成匹配岗位的简历内容，如图 9-8 所示。

2. 简历优化

利用 DeepSeek 也可以进行简历优化。求职者上传现有简历或在线初步完成简历后，DeepSeek 可分析简历内容，识别关键信息、行业关键词，并对比招聘广告中的职位要求，提出有针对性的修改建议，如调整措辞、突出关键成就、填补技能空白等。这有助于求职者精准匹配岗位需求，提高简历通过筛选的概率。DeepSeek 给出的简历分析和优化建议如图 9-9 所示。

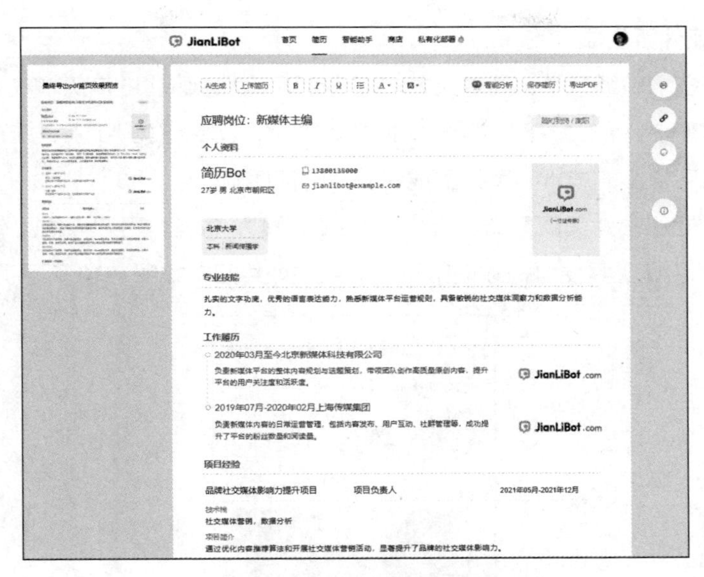

图 9-8 自动生成简历内容

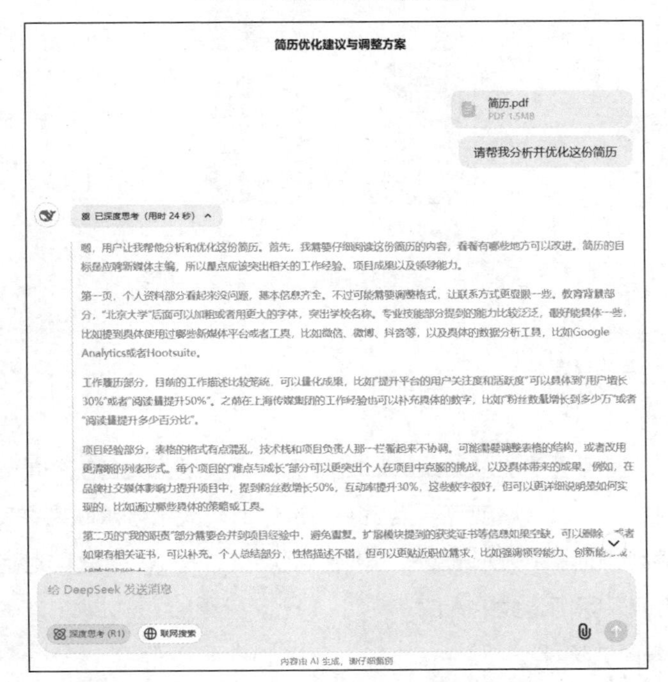

图 9-9 DeepSeek 给出的简历分析和优化建议

3. 证件照生成

在许多求职场景中，简单大方的证件照可以为求职者的简历增光添彩。过去许多求职者可能会专门在照相馆拍摄证件照，而图像类 AI 工具能帮助求职者节省线下摄影的成本，直接生成高质量的证件照。

图像处理软件美图秀秀就推出了“AI 写真”功能。用户只需上传自己的真实照片，AI 工具便可提取面部特征，生成证件照，如图 9-10 所示。

图 9-10 美图秀秀的“AI 写真”功能

模拟面试与反馈

面试，是指用人单位以面谈的形式考查一个人是否具备工作能力。面试是求职者塑造专业形象、展现综合素质的关键环节。大部分求职者在面试时都会出现紧张情绪，而借助 DeepSeek 模拟面试场景，与 AI 面试官对话，将助力求职者自信迈入职场选拔的大门。

1. 定制面试资源

基于海量面试数据和机器学习算法，DeepSeek 能够针对特定职位和公司要求生成高频面试问题，并提供高质量的答案示例或答题框架。求职者可以根据这些信息提前演练，确保面试时对关键问题有充分准备。利用 AI 工具检索收集面试题的提示词示例如下。

> 你是一位专业面试官，请根据我给你提供的岗位信息，为我整理这个岗位相关的面试题，题目类型包括但不限于技术问题、行为问题、案例问题、谈话问题、情景问题，并给出相应的优质的答案示例。
>
> 岗位信息如下。
>
> 岗位：互联网“大厂”新媒体主编
>
> 岗位职责：
>
> 1. 带领编辑团队提高团队的稿件质量；
> 2. 搭建投稿库，优化投稿作者的数量和质量；
> 3. 对微信公众号进行内容规划、活动策划，提高微信公众号粉丝量；
> 4. 针对热点节日等策划活动；
> 5. 能够快速完成微信公众号内容创作，并且具有创意和话题敏感度。
>
> 任职要求：
>
> 1. 文字功底深厚，从事微信公众号编辑工作至少 1 年，写过“爆文”可加分；
> 2. 文采飞扬的“段子手”，“脑洞”大开的策划“大咖”优先；
> 3. 工作积极主动，性格开朗，思维活跃，有带领团队经验的优先。

DeepSeek 检索整理的信息如图 9-11 所示。

另外，自我介绍、求职信等求职面试内容也可通过 DeepSeek 生成。

> 我是一位准备应聘互联网“大厂”新媒体主编岗位的求职者，根据提供的岗位信息，请你帮助我准备一段自我介绍，这段介绍能够体现出我对岗位的理解和适配度。自我介绍应包括但不限于以下几个方面的内容。
>
> 个人背景、专业技能、个人优势、性格特点、职业目标。
>
> 请根据以上提示，生成一段连贯、有逻辑、能够凸显个人特色的自我介绍文本。在缺乏信息的地方，你可以暂时用占位符空置，待我后续自行补充。

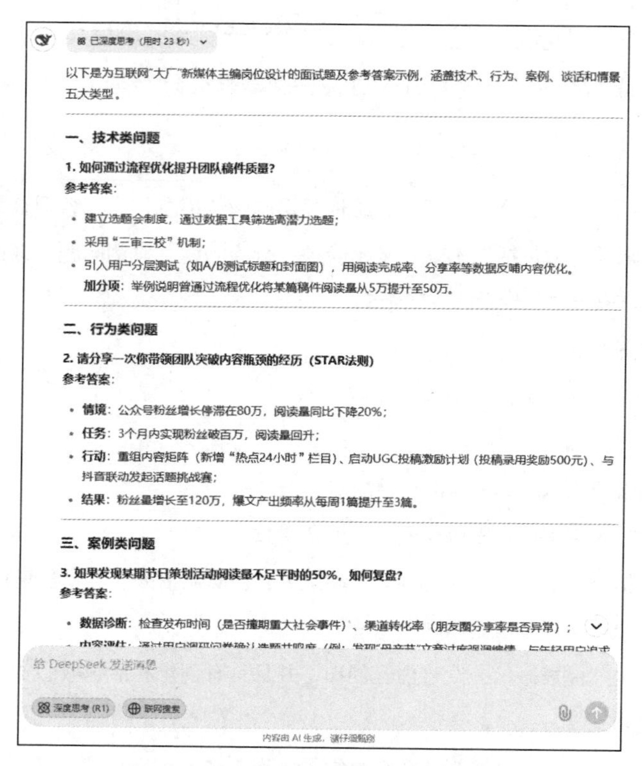

图 9-11　DeepSeek 检索整理的信息

2. 模拟真实面试

由于 DeepSeek 具备记忆上下文的功能，用户可与其模拟真实聊天场景便成为一大亮点。面试是求职者与面试官互动的过程，非常考验求职者的应对能力与谈吐水平。针对这一场景，可以使用如下提示词与 DeepSeek 进行对话。

> 你是一位专业面试官，而我是一位求职者，接下来我们会进行一次模拟面试。请你根据我提供的岗位信息向我提出面试问题，具体要求如下：
>
> 1. 面试要循序渐进，由浅入深；
>
> 2. 一次提出一个问题，等我作答后，你需要进行简短的评价，并继续提问；
>
> 3. 模拟面试完成后，请你对我的表现进行整体的评估。
>
> 岗位信息如下：

> 1. 负责自媒体平台（微信视频号、微博等）账号的日常运营和维护，包括内容编辑、发布、互动，提升账号关注度与品牌认知度；
>
> 2. 追踪热点话题，负责选题策划与原创内容撰写；
>
> 3. 配合团队完成其他项目推进和落地。
>
> DeepSeek：在规划自媒体内容时，如何平衡热点话题与品牌调性的一致性？请结合具体案例说明你的处理方法。
>
> 用户：我认为关键是要找到两者之间的契合点，建立热点分级机制，既要借势热点吸引关注，又要确保内容传递出的信息与品牌价值观相契合。以下是我处理这一问题的具体方法，……（略）
>
> DeepSeek：你提到会建立热点分级机制，具体筛选标准是什么？比如近期元宇宙话题火爆，但和传统教育品牌调性不符，这种情况下如何决策是否跟进？
>
> ……

从上面的模拟对话中可以发现，DeepSeek 能够很好地扮演面试官的角色。通过不断地对话与反馈，用户便能快速积累面试经验。

另外根据面试场景的变化，用户还可以灵活地修改提示词以应对小组面试、多轮面试、结构化面试、非结构化面试或者压力性面试等多种不同类型的面试，提示词示例如下。

> 你是一位专业面试官，请根据我给你提供的面试信息，与我展开一次严格真实的模拟面试。
>
> 1. 面试类型：压力性面试，将求职者置于一种紧张、有压力的氛围中，以考查其抗压能力。
>
> 2. 面试岗位：新媒体编辑……

在文字对话之外，部分 AI 工具（如豆包）已经推出了语音对话功能。直接使用语音进行面试更能锻炼用户的临场应变能力。

越来越多的企业引入 AI 工具进行面试以筛选人员。正因如此，求职者也需积极运用这些工具来武装自己，成为新时代合格的工作者。

3 DeepSeek 商业产品设计应用：智能手表的设计与落地

在现代商业产品的设计与营销过程中，创新思维与高效执行力是决胜市场的关键要素。DeepSeek 作为 AI 前沿力量，正逐步深入各个环节，从寻找设计灵感，到生成产品概念图或模型，再到生成产品发布 PPT，均发挥着重要作用，使设计团队能够更加灵活高效地应对日益激烈的市场竞争。

案例说明

一家创新型科技公司计划设计一款新的智能手表，希望融入最新技术，迎合年轻群体对“科技”“智能生活”的向往。为了提高设计效率和体现创新性，他们决定在整个设计流程中运用 AI 工具。

寻找设计灵感

在产品设计初期，设计师往往会面临寻找新颖且符合市场需求的设计灵感的挑战。运用 DeepSeek，设计师可以通过输入情绪标签、风格要求等关键词，利用 AI 算法从海量的设计资源和潮流趋势中挖掘、提炼出独特的设计理念。在寻找灵感阶段，DeepSeek 的 AI 搜索、AI 写作、AI 对话等功能都能发挥作用。

1. AI 工具检索资料

智能手表是一个逐渐成熟的市场，众多形态各异的产品层出不穷。DeepSeek 能迅速检索互联网资料，快速整理出一系列智能手表相关视觉素材或概念示例。设计师可以结合自身专业知识进行筛选和迭代，有效拓宽创意视野，加速创新思维的碰撞与融合。提示词示例如下。

请为我检索关于智能手表设计的资料，具体要求如下：

1. 可以包括不同形态、功能特点及用户界面概念示例；

> 2. 可以提供关于智能手表行业趋势、技术革新及消费者偏好的深度分析；
> 3. 资料内容要具有时效性，需要是 2023 年至今的。

DeepSeek 不仅能有条有理地检索信息，还能附上信息来源供用户核实查阅。

2. AI 工具提出创意概念

检索信息是许多产品设计师寻找灵感、创作作品的基础与前提。当设计师缺乏灵感时，DeepSeek 可以从多个层面提供灵感与创意。对一款智能手表来说，其功能、外观、用户界面等细节都需要精心设计。

提示词示例如下。

> 请你扮演一位杰出的智能产品设计师，现在请为一款智能手表的设计提供思路。
> 设计要求如下：
> 1. 灵感来源：请从当前智能穿戴设备领域的趋势、用户需求、技术革新等方面获取灵感并设计出具有创新性和实用性的智能手表；
> 2. 设计思路：请详细描述你的设计思路，包括手表的外观、功能、交互方式等并解释如何将这些设计元素转化为实际的产品；
> 3. 考虑因素：请考虑智能手表的佩戴舒适性、功能性、安全性等因素，确保用户在使用时能够感到舒适和便捷；
> 4. 创新性：请强调你的设计在智能穿戴设备领域的创新性和独特性，以及如何通过技术创新来提升用户体验。
> 请确保你的设计思路具有可行性和实用性，同时能够吸引潜在用户的关注。

■ 生成产品概念图或模型

在产品概念成型阶段，基于自然语言描述或草图输入，图像类 AI 工具可以设计产品外观、包装，3D 建模类 AI 工具则能建立 3D 模型，实现从想象到现实的快速转换。

1. AI 工具生成产品概念图

用户对于智能手表这类有着一定装饰属性的产品，非常看重外观样式。使用图像类 AI 工具可以批量生成各种风格的智能手表概念图，提示词示例如下。

智能手表，电子屏幕，科技风，新潮时尚，白色，产品概念图，高细节精度

根据提示词，通义万相生成的智能手表概念图如图 9-12 所示。

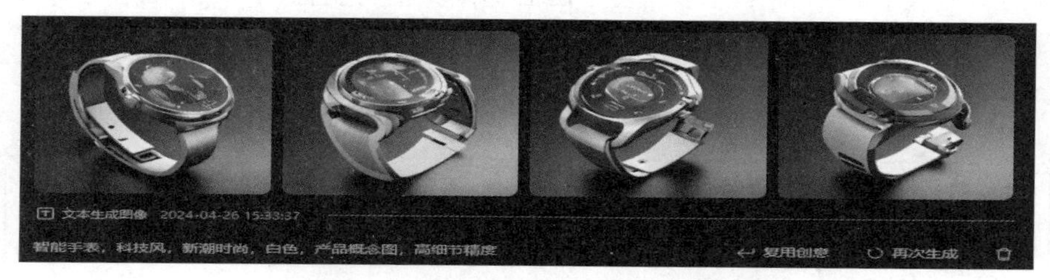

图 9-12　通义万相生成的智能手表概念图

2. AI 工具生成产品 3D 模型

利用 3D 建模类 AI 工具同样能生成概念图像，并且 3D 模型更有利于设计师从各个角度进行参考，也方便建模设计师的后期修改。Luma AI 生成的 3D 模型如图 9-13 所示。

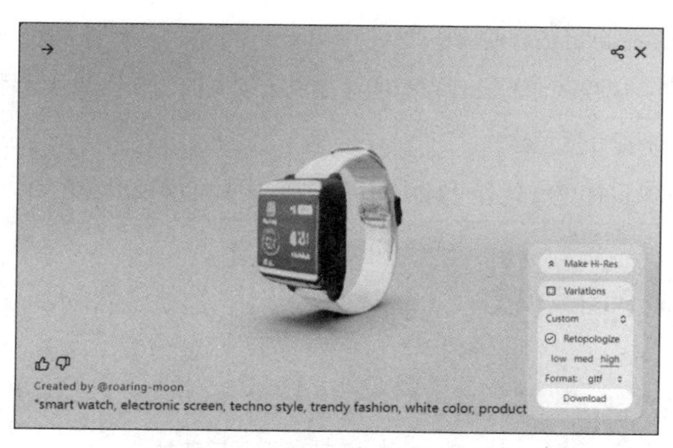

图 9-13　Luma AI 生成的 3D 模型

生成产品发布 PPT

使用 DeepSeek 与演示文稿类 AI 工具还可以快速创建智能手表新产品发布会的 PPT，从而简化设计流程并提高效率。

1. 明确 PPT 主题与大纲

在通过演示文稿类 AI 工具生成 PPT 之前，一般需要确定 PPT 的主题和大纲。用户可以借助 DeepSeek 生成 PPT 的主题和大纲，演示文稿类 AI 工具允许用户导入已有大纲来生成 PPT。

部分演示文稿类 AI 工具还能直接生成大纲，提示词示例如下。

> 时尚与科技的交汇：智能手表新品发布会

以 AiPPT 为例，其智能生成的新品发布会大纲如图 9-14 所示。用户可根据实际需要进行修改。

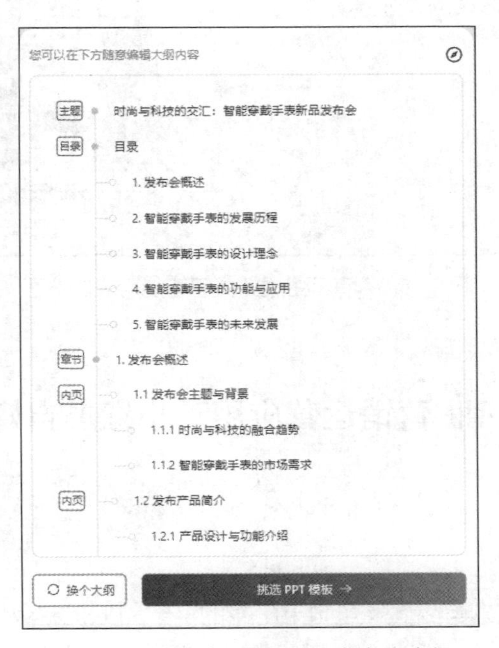

图 9-14　AiPPT 生成的新品发布会大纲

2. 生成并调整 PPT

根据“时尚与科技的交汇：智能穿戴手表新品发布会”这一主题，PPT 的风格应当融合时尚元素和科技元素，同时保持专业和高端的视觉效果。这里可以使用简洁的配色方案，如简单的白色搭配 1 ～ 2 种有科技感且新潮的颜色（如紫色、橙色等）。

确定好整体的风格后，便可从 AI 工具为用户准备的模板中挑选一套合适的模板生成 PPT，完整的新品发布会 PPT 很快便能生成完毕。图 9-15 所示为 AiPPT 生成的关于智能手表的 PPT。可以看到，平台也提供了在线编辑的功能，以便用户调整细节。

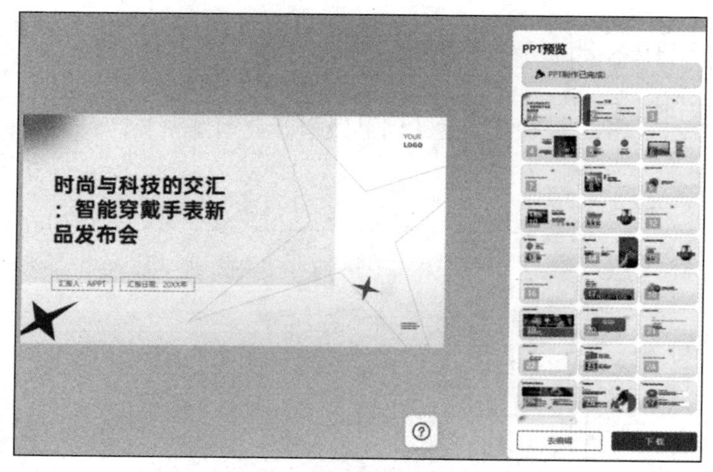

图 9-15　AiPPT 生成的关于智能手表的 PPT

4 DeepSeek 营销运营应用：小红书自媒体的起号与运营

小红书是一个高度依赖内容创造和分享的平台，DeepSeek 为小红书自媒体账号起号和运营提供了全新的策略和工具，极大地提升了内容创作效率与个性化水平。

本节将通过具体案例探讨 DeepSeek 在小红书自媒体账号起号和运营中的应用。

> **案例说明**
>
> 一名热爱生活、注重品质的博主计划在小红书上开设个人账号，她擅长分享关于时尚、美食、旅行等方面的生活经验。该博主希望利用 DeepSeek 提高内容创作的效率和质量，快速吸引关注并建立个人品牌。

市场调研与定位

在自媒体平台创建账号的第一步往往是确定自身的定位，为未来的持续运营打下基础。这时市场调研就显得非常重要。

用户可以利用 DeepSeek 检索互联网上与小红书用户画像相关的数据分析文章，以此分析小红书平台上时尚、美食或旅行等方面的热门话题和用户偏好。搜索提示词示例如下。

> 小红书用户的内容浏览偏好是怎么样的？

值得注意的是，DeepSeek 会给出附加参考资料，这些资料可省去用户自行检索的麻烦，有利于小红书运营者们进行深入分析。

根据 DeepSeek 分析出的用户画像，我们可以结合小红书热门领域和自身特长明确内容方向。根据检索结果，小红书的“种草”属性使生活类的关键意见领袖（Key Opinion Leader，KOL）表现强势，未来小众赛道和女性向内容仍将是增长重点。因此经过充分考虑，为发挥个人特长，该博主可以选择都市女性作为主要定位。

AI 工具辅助小红书账号搭建

确定了小红书账号的定位，也就确定了未来的发展道路。接下来就可以着手创建账号了。创建账号需要完善小红书账号资料，如头像、名称、简介等。头像和昵称应该与账号定位相符，简介则需要简洁明了地传达账号的核心价值和特色。

1. AI 工具生成小红书头像

使用图像类 AI 工具，如文心一格、通义万相等，根据账号定位生成具有生活感和辨识度的头像。

由于小红书账号定位为都市女性，头像可以选择一张优雅的女性形象照片，可以是专业的模特照片，也可以是博主自己的照片。照片中的女性形象应该展现出时尚、优雅、自信的气质，与账号的定位相符，并且要凸显简洁的线条或流行的色彩搭配。这样的头像既能够突出账号的时尚定位，又能够展现出独特的审美品位。根据以上内容确定的提示词示例如下。

> 都市时尚女性头像，简约线条，平面绘画风格，色彩明丽。

通义万相生成的头像如图 9-16 所示。

图 9-16　通义万相生成的头像

2. DeepSeek 生成小红书账号名称与简介

账号名称与简介是直接呈现账号内容的关键要素，也能简单直接地反映小红书运营者的性格、特长、价值观。借助 DeepSeek 生成账号名称与简介的提示词示例如下。

> 我是一名小红书运营者，正在筹备创建小红书账号。请你根据我提供的信息与要求，为我设计账号名称与简介。

我的信息如下。

1. 账号定位：都市女性。

2. 账号主要发布内容：化妆品、穿搭、时尚资讯、生活 Vlog。

3. 账号主要面向群体：35 岁以下年轻女性。

我的要求如下。

1. 账号名称要具备时尚感，易读、好记、有吸引力。

2. 账号简介要能体现我的性格、特长、价值观。

3. 账号名称和简介可以使用表情包等有趣的符号，以匹配小红书的风格。

图 9-17 所示为 DeepSeek 生成的小红书账号名称与简介，博主可以选择在参考借鉴、稍做修改后使用。

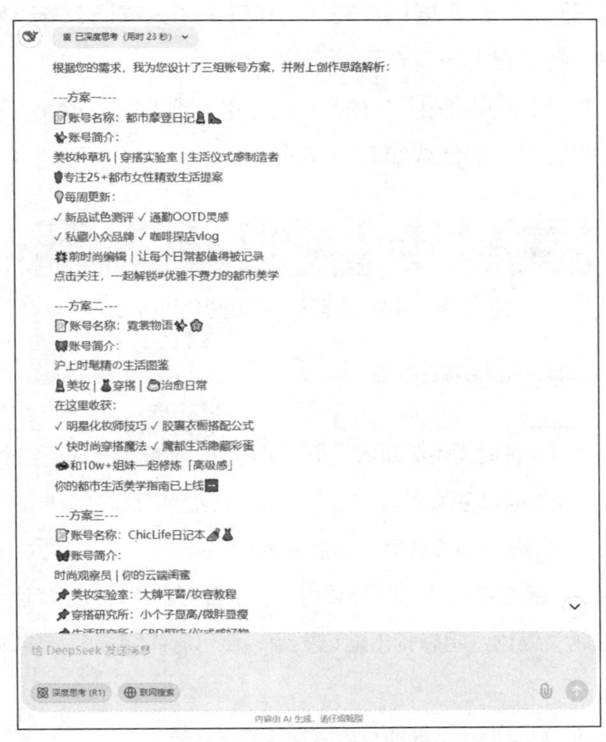

图 9-17　DeepSeek 生成的小红书账号名称与简介

AI 工具辅助小红书内容创作

在小红书，用户发布的内容被称为“笔记”。笔记的形式一般为图文或视频，因此准备文字、图片或视频内容是运营者经营账号的重要环节。在社交平台，尤其是在小红书这样的由视觉和故事驱动的社区中，AI 工具能够辅助运营者生成引人入胜的文本和精美的图像等内容，方便运营者创作。

1. 小红书笔记标题生成

在小红书，一篇笔记是否能成为“爆款”，标题是关键因素之一。标题是用户在浏览时首先看到的内容，它决定了用户是否会点击并阅读正文。一个具有吸引力的标题能促使用户产生好奇心或共鸣。

小红书笔记标题一般需要精练简明、包含主题关键词、解决痛点、具备创新性与独特性、有号召力、符合目标用户喜好。

通过设计提示词可轻松让 DeepSeek 批量生成吸引人的小红书笔记标题。小红书笔记标题的提示词公式如图 9-18 所示。

图 9-18　小红书笔记标题的提示词公式

根据公式，提示词示例如下。

我是一名都市女性时尚生活领域的小红书博主，请你为我的小红书笔记生成 10 个标题。我的小红书笔记主题是：女生的 5 种春季通勤穿搭。

你生成的小红书笔记需要遵循以下原则。

1. 精练简明：标题应控制在 20 字以内，要求言简意赅，快速传达核心价值。

2. 包含主题关键词：明确指出笔记主题，使用时尚穿搭领域常被搜索的相关词汇。

3. 解决痛点：触发职场女性痛点，激发其阅读兴趣。

4. 具备创新性与独特性：避免过于平淡无奇，尝试新颖独特的表达方式，引发用户的好奇心。

5. 有号召力：可以采用提问式、建议式或悬念式的标题，促使用户产生行动意愿。

6. 符合目标用户喜好：用上班族女性喜欢的语言风格和热点话题撰写标题。

DeepSeek 生成的小红书标题如下。

1. 打工人急救指南！ 5 套通勤穿搭封神模板

2. 周一开会 vs 周五约会？ 5 套春季通勤变装术

3. 被同事追着要链接的 5 套 OL 春季穿搭公式

4. 温差 20℃怎么穿？ 5 套通勤穿搭拯救乱穿衣

5. 小个子显高秘籍！ 5 套通勤穿搭视觉增高 5cm

6. PPT 女工自救指南：5 套不费脑通勤 OOTD

7. 背万元包不如会穿！ 5 套平价通勤穿搭思路

8. 春招季面试战袍！ 5 套得体又心机的通勤装

9. 地铁空调克星！ 5 套洋葱式通勤穿搭攻略

10. 同事以为我偷偷涨薪的 5 套高级感通勤穿搭

2. 小红书正文文案生成

小红书提倡分享真实生活，其内容无论是“干货”，还是生活分享，都需要生动有趣、语言亲切。DeepSeek 已充分理解了小红书内容的这一特点，只要在提示词中提及相应的风格关键词，DeepSeek 便能生成相应风格的文案。

风格提示词示例如下。

故事性与情境性：通过讲述个人经历或故事，让读者产生共鸣，增强文章的吸引力。

亲切感：使用口语化、接地气的语言，让读者感觉像是在与朋友交谈。

幽默感：在分享中加入幽默元素，如时新的流行语等，使内容更加生动有趣。

实用性：提供实用的信息或建议，解决实际问题。

互动性：鼓励读者参与讨论，增强文章的互动性。

另外，在设计生成正文的提示词时，还需要定义内容类型和目标受众。比如针对上述“女生春季通勤穿搭”，可以详细说明每一套穿搭的亮点、适用场合及搭配理由，再向 DeepSeek 提供足够的背景信息、产品特点或具体情境，以便它能生成具有针对性和实际意义的正文。生成正文的提示词公式如图 9-19 所示。

图 9-19 小红书正文提示词公式

根据公式，设计提示词如下。

> 我是一名都市女性时尚生活领域的小红书博主，请你为我的小红书笔记生成正文。我的小红书笔记主题是：女生的 5 种春季通勤穿搭。
>
> 正文需要包括：
>
> 1. 5 种穿搭的介绍；
>
> 2. 号召用户学习模仿这 5 种穿搭。
>
> 正文内容需要保证：
>
> 1. 具备故事性与情境性，让用户看了有身临其境之感；
>
> 2. 具备实用性与指导性。

DeepSeek 生成内容如下。

> 以下是为您精心设计的小红书爆款笔记正文模板。
>
> 《春日通勤自救指南 | 5 套穿搭承包整个春天的优雅干练》
>
> 清晨 7:30 被闹钟惊醒，看着窗外飘着细雨却透着阳光的春日，站在衣柜前的你是否正在经历：
>
> 穿西装怕呆板，穿碎花裙又不够正式；
>
> 早晚温差 15℃让叠穿变成灾难现场；
>
> 连穿三天黑白灰被实习生问是不是同一套衣服……
>
> 今天用 5 套穿搭公式破解春日职场时尚困局 👇

✅ 温柔力量感西装套装（周一撒手锏）

穿搭公式：燕麦色 oversize 西装 + 真丝吊带 + 垂感裤

场景适配：商务会议 / 合作谈判

✨ 心机亮点：挽起袖口露出手腕显瘦 5 斤，金属锁骨链打破沉闷

✅ 知性姐姐针织剧场（周三氛围武器）

穿搭公式：莫兰迪针织两件套 + 微喇牛仔裤 + 小猫跟

场景适配：日常办公 / 客户拜访

✨ 心机亮点：同色系渐变营造视觉纵深感，珍珠耳钉提升精致度

✅ 洋葱式叠穿攻略（温差克星）

穿搭公式：飘带衬衫 + 针织马甲 + 长风衣

场景适配：地铁勇士 / 外勤达人

✨ 心机亮点：解开两颗扣打造 V 领，腰带标记腰线位置

✅ 周五限定甜酷混搭（下班约会战袍）

穿搭公式：廓形衬衫 + 皮质短裙 + 骑士靴

场景适配：朋友聚会 / 晚间约会

✨ 心机亮点：衬衫下摆打结露腰线，金属链条包增加叛逆感

✅ 小个子显高王炸组合（视觉欺诈术）

穿搭公式：短款针织开衫 + 高腰纸袋裤 + 尖头单鞋

场景适配：汇报演讲 / 跨部门协作

✨ 心机亮点：上衣塞进裤腰 + 同色系延伸，实现胸部以下全是腿

💌 这个春天，让我们一起玩转办公室时尚法则！

点 ♡ 收 ☆ 穿搭不迷路

留言告诉我你最想尝试哪套？

@ 你的闺蜜来抄作业，周一惊艳全司！

（文末彩蛋：评论区抽 3 位姐妹送同款穿搭手册 📔）

3. 小红书配图图片生成

小红书的图文属性非常强，每一篇笔记都需要配上封面图，因此图片也是

吸引用户注意力的重要窗口。常见的小红书笔记封面图如图 9-20 所示。

图 9-20　小红书笔记封面图

在缺乏图片素材时，运营者自然可以运用 AI 工具生成与时尚生活相关的高质量图片，确保图片具有原创性和视觉吸引力。

在时尚穿搭领域，小红书用户非常乐意看到精美的服装、箱包、模特图片。表 9-2 中的提示词能够用于生成大量具备美观性的图片。

表 9-2　时尚穿搭领域图片生成提示词

类别	提示词示例
图片风格	优雅复古、简约平面、时尚摄影、古典油画、文艺清新
色彩描述	暖色系、冷色系、中性色（经典黑、米白）、撞色搭配（红黑配、蓝白配）
材质描述	丝绸般柔滑、棉麻质感、皮革光泽、蕾丝花边、珍珠镶嵌
服装细节	修身剪裁、宽松版型、荷叶边装饰、立体剪裁、镂空设计
光线与背景	柔和日光、时尚杂志背景、复古画室、街头风格背景、奢华酒店大堂
情感与氛围	浪漫约会、休闲度假、商务通勤、时尚派对、甜美日常
模特与姿势	优雅站姿、随意行走、低头微笑、侧身回眸、时尚摆拍

时尚领域的小红书博主需要根据笔记内容合理选择并搭配提示词，以便生成足够美观、符合笔记内容的图片。以生成展现“上班通勤”场景的封面图为例，可运用以下提示词。

> 知性优雅的职场女性，浅米色西装外套搭配套装裙，办公室背景，文艺清新风格

使用即梦 AI 生成的小红书时尚穿搭领域图片如图 9-21 所示。

图 9-21 使用即梦 AI 生成的小红书时尚穿搭领域图片

4. 视频脚本创作与视频生成

小红书的视频内容是平台内容生态中的重要组成部分，它们通常时长适中，便于用户在碎片化时间观看；画面高清美观，剪辑流畅，音乐搭配得当，能带给用户良好的视觉和听觉体验。这些视频与图文笔记相结合，共同丰富了小红书的内容形式。利用 DeepSeek 生成视频脚本，再利用视频类 AI 工具生成视频，可以为创作时尚穿搭、生活 Vlog 等视频内容打下基础。

（1）借助 AI 工具生成时尚博主生活 Vlog 脚本

借助 DeepSeek 生成视频脚本，需要提供视频主题、视频时长、视频结构、主要情节等架构性的内容，再将其组织成完整提示词。提示词示例如下。

> 我是一名都市女性时尚生活领域的小红书博主，请你为我设计一份时尚穿搭视频的脚本，具体要求如下。
>
> 1. 主要内容：视频内容为女生的 5 种春季通勤穿搭，风格包括知性优雅风、都市休闲风、温婉淑女风、极简高级风、活力运动风。
>
> 2. 视频时长：控制在 1 分钟左右。
>
> 3. 视频结构：包括开场、正文、结束语。

（2）借助 AI 工具生成动态视频素材

由于版权保护等约束，获取视频素材并不是易事。AI 工具足以生成数秒的优质视频，这就为短视频制作者提供了视频素材来源。

视频素材生成提示词需要简洁。时尚生活领域的小红书博主更需要有效地描述视频的内容元素，再确定其动态效果，使其体现时尚、优雅、浪漫等能够吸引时尚爱好者的风格。一些常见的时尚领域视频素材生成提示词如下。

> 年轻女性在衣柜前翻找衣服，明媚光线，暖色调。
>
> 一朵沾着露珠的玫瑰在盛放，特写镜头。
>
> 镜头缓缓推进，展示几位衣着时髦的都市女性正在享受下午茶时光。

以视频生成工具 Runway 为例，其生成的视频截图如图 9-22 所示。

图 9-22　Runway 生成的视频截图

下载生成的视频并将其剪辑进自己的视频中，可以大大提高视频制作的效率。

5 DeepSeek 日常生活应用：全能助手

除了学习、工作等专业性和实操性都很强的领域，DeepSeek 同样能在人们的日常生活中发挥或大或小的作用。下面介绍 DeepSeek 在人们日常生活中的运用。

DeepSeek 穿搭助手

在需要穿搭建议时，用户可向 DeepSeek 输入自己的体型、肤色、喜好、场合需求等信息，要求 DeepSeek 自动生成个性化的穿搭建议，包括衣物款式、颜色搭配、配饰选择等。提示词示例如下。

> 我周末要参加朋友聚会，请你根据我的信息为我推荐合适的穿搭。
>
> 我的性别：男。
>
> 我的身高、体重：170cm、65kg。
>
> 我的穿衣喜好：休闲风。

DeepSeek 提供的搭配建议如下。

> 根据您的身材特点和喜好，为您设计了三套适合朋友聚会的休闲穿搭方案，兼顾舒适度与时尚感。
>
> 【第一套：经典丹宁风】
>
> 上衣：藏青色修身牛津纺衬衫（挽起袖口露出手腕）
>
> 下装：中腰直筒水洗牛仔裤（卷起裤脚约 2cm）
>
> 鞋履：米白色皮鞋

配饰：棕色皮质腕表 + 简约银色吊坠

优势：丹宁元素永不过时，卷裤脚设计显腿长，牛津纺面料挺括有型

【第二套：都市机能风】

上衣：灰绿色立领工装夹克（内搭纯白圆领 T 恤）

下装：卡其色束脚休闲裤

鞋履：黑色厚底老爹鞋

配饰：黑色尼龙斜挎包 + 墨镜

优势：立体剪裁优化身材比例，束脚设计显脚踝纤细，适合户外聚会场景

【第三套：日系盐系风】

上衣：浅灰色宽松套头卫衣（内搭白 T 下摆露出 2cm）

下装：深海军蓝锥形九分裤

鞋履：灰白拼色运动鞋

配饰：米色渔夫帽 + 帆布托特包

优势：叠穿增加层次感，九分裤“视觉增高”3cm，慵懒中透着精致

通用搭配 Tips：

1. 上衣建议选择肩线清晰的设计，避免落肩款显肩宽

2. 裤装腰线保持在中腰位置，避免低腰显腿短

3. 色彩搭配采用“基础色 + 低饱和度亮色”原则，如藏青 + 姜黄 / 军绿 + 米白

4. 选择 V 领或小翻领款式可拉长颈部线条

5. 鞋子与裤子同色系可延伸腿部视觉长度

根据聚会场景可选调整如下。

– 餐厅聚会：外搭毛呢西装外套（非正式款）

– 户外烧烤：搭配帆布马丁靴 + 迷彩元素

– 主题派对：叠穿条纹衬衫 + 皮质手环点缀

另外，一些 AI 工具结合图像与人像技术，推出了虚拟试衣的功能，如 AI 虚拟穿衣平台 OUTFITS AI 便支持用户上传自己的照片并选择衣物，进而生成相应服装的试穿照片，效果如图 9-23 所示。

图 9-23 OUTFITS AI 的虚拟试衣效果

DeepSeek 营养师

结合用户的健康数据（如基础代谢率、变应原等），AI 能够为用户提供营养均衡的一日三餐菜单，还可提供食材采购清单和烹饪指导。

以生成一份针对身体质量指数（Body Mass Index，BMI）值和基础代谢率的一周健康饮食计划为例，提示词如下。

> 根据我的 [糖尿病 / 高血压] 情况，制定适合我的饮食方案。
>
> 生成不含 [变应原，如花生 / 麸质] 的一日三餐菜单。
>
> 提供一份营养均衡的 [晚餐] 菜单，包含足够的 [蛋白质 / 纤维]。
>
> 提供 [菜品名称] 的烹饪步骤，包括所需食材和烹饪技巧。

DeepSeek 提供的建议如下。

> 根据您的需求，我为您设计了一份符合糖尿病 / 高血压管理、不含花生 / 麸质的饮食方案，并附上详细食谱和烹饪指导。
>
> **一日三餐方案（糖尿病 / 高血压友好型）**
>
> 早餐：菠菜鸡蛋卷配无麸质燕麦片。
>
> - 蛋白质：鸡蛋 ×2、脱脂牛奶 150ml。
>
> - 纤维：嫩菠菜 50g、圣女果 80g。

- 碳水：无麸质认证燕麦片 30g（用杏仁奶煮）。
- 注意事项：使用橄榄油替代黄油。

午餐：烤鸡胸藜麦沙拉。

- 蛋白质：去皮鸡胸肉 120g、希腊酸奶 30g。
- 纤维：混合生菜 150g、黄瓜和胡萝卜各 50g。
- 碳水：三色藜麦 60g。
- 调料：初榨橄榄油、苹果醋、第戎芥末酱（无麸质）。

晚餐：香煎三文鱼配杂蔬（重点满足蛋白质/膳食纤维需求）。

- 主菜：三文鱼 150g（富含 Ω-3 脂肪酸）。
- 纤维：芦笋 100g、羽衣甘蓝 80g、烤南瓜 120g。
- 碳水：花椰菜米饭 100g（替代精制主食）。
- 调料：蒜末、柠檬汁、海盐、黑胡椒。

核心菜品烹饪指南：香煎三文鱼配杂蔬

食材清单：

- 新鲜三文鱼块 150g；
- 芦笋 100g（去老根）；
- 羽衣甘蓝 80g（撕小片）；
- 南瓜 120g（切块）；
- 特级初榨橄榄油 10ml；
- 蒜末 5g、柠檬 1/4 个；
- 海盐≤ 1g、黑胡椒碎适量。

烹饪步骤

1. 预处理：用厨房纸吸干三文鱼表面水分，撒微量海盐和黑胡椒，腌制 10 分钟。
2. 烤蔬菜：南瓜块刷橄榄油，200℃烤 20 分钟至软化；芦笋快速焯水后冰镇。
3. 煎制主菜：
   - 平底锅预热后加 5ml 橄榄油；
   - 鱼皮面先煎 2 分钟至金黄，翻面续煎 1 分钟；
   - 关火加盖用余温焖熟（保留汁水）。

4. 快炒时蔬：

- 用剩余油爆香蒜末，先下羽衣甘蓝快炒 1 分钟；

- 加入芦笋和烤南瓜快速翻炒。

5. 摆盘：鱼肉搭配杂蔬，挤新鲜柠檬汁提味。

关键营养策略

1. 糖尿病管理

- 血糖负荷控制：每餐碳水≤ 45g（选择血糖指数≤ 40 的食材）。

- 膳食纤维保障：全天摄入≥ 30g（通过十字花科蔬菜和水果补充）。

2. 高血压应对

- 钠摄入量＜ 1500mg/ 日（使用香草 / 柠檬 / 醋替代盐）。

- 富钾食材：南瓜（438mg/100g）、羽衣甘蓝（348mg/100g）。

3. 变应原规避

- 用椰氨基酸替代酱油（无麸质）。

- 选择南瓜子 / 葵花子作为坚果替代品。

备餐建议

- 提前批量处理：周末烤制 3 天份的蔬菜 + 煮好藜麦冷藏。

- 蛋白质多样化：可轮换使用鳕鱼 / 火鸡肉 / 豆腐。

- 紧急加餐方案：无糖希腊酸奶 + 奇亚籽（补充蛋白质 + 纤维）。

请根据个体化需求调整食量，建议配合医疗团队进行营养监测。需特别注意食物制备时的交叉污染风险，所有谷物类食材需确认无麸质认证标识。

此外，基于各类大语言模型，许多健康饮食方面的 AI 工具逐渐进入市场，为用户提供了更多专业化的健康生活选择。轻牛健康 App 就是一个用科技助力健康饮食、基于大数据分析、提供实用饮食与营养建议的健康数据管理平台，如图 9-24 所示。

该 App 基于海量数据和 AI 技术，更智能、更准确地分析人体成分，助力健康减重，现在已接入 DeepSeek-R1 满血版大模型。

它可以作为用户的 24 小时贴身营养管家，进行跟踪指导。用户随时可以问它今天吃什么、怎么运动可以有效减肥。

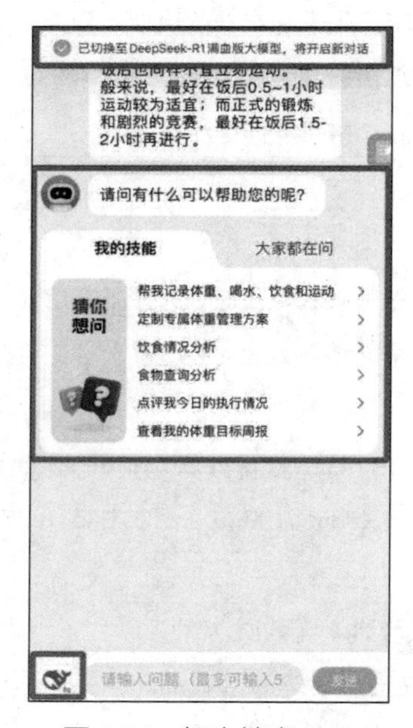

图 9-24　轻牛健康 App

DeepSeek 出行与旅游规划师

DeepSeek 同样可应用于出行与旅游规划。使用提示词对话，DeepSeek 便能快速规划安排、提供建议。常见的出行旅游提示词示例如下。

> 路线规划：我需要从 [起点] 到 [终点] 的最快路线。
>
> 交通方式选择：比较从 [地点 A] 到 [地点 B] 的飞机、火车和汽车旅行时间及费用。
>
> 旅行攻略生成：为我生成一个为期 [天数] 的 [目的地] 旅行攻略。
>
> 景点推荐：推荐 [目的地] 的必游景点，包括文化地标和自然景观。
>
> 美食指南：列出 [目的地] 的当地美食和热门餐厅。
>
> 住宿建议：根据我的预算，推荐 [目的地] 的住宿选项。

天气查询：告诉我 [旅行日期] 在 [目的地] 的天气预报。

旅行预算规划：帮我规划一份 [金额] 以内的 [目的地] 旅行预算。

文化活动信息：在 [目的地]，[旅行日期] 有哪些文化活动或节日庆典？

旅行必备清单：生成一个前往 [目的地] 旅行的必备物品清单。

紧急情况准备：告诉我，如果遇到 [紧急情况，如丢失护照 / 生病]，在 [目的地] 应该怎么做。

家庭旅行规划：为我的家庭（包括 [孩子年龄] 的小孩）规划一个合适的 [目的地] 旅行方案。

一些结合实时交通信息、考虑用户偏好和出行目的的 AI 工具不仅能提供最优路线规划，还可以生成丰富多样的旅行攻略，包括景点介绍、美食推荐、天气查询等一站式服务。

以百度地图为例，其搭载的出行助手“小度”便提供了智能对话的功能。用户可自由提问，咨询天气、旅游景点、出行情况等信息。图 9-25 所示为百度地图出行助手的对话界面。

图 9-25　百度地图出行助手的对话界面

DeepSeek 在日常生活的各个方面都有广泛的应用，需要人们主动探索与学习。这一技术通过智能化、个性化的服务，极大地提升了人们的生活质量与便利程度，真正实现了日常生活中的全方位陪伴与协助。